Shahide Dehghan
Hossein Norouzi
Hossein Gholami

Modelação da Informação da Construção (BIM)

Shahide Dehghan
Hossein Norouzi
Hossein Gholami

Modelação da Informação da Construção (BIM)

Segurança no estaleiro e saúde dos trabalhadores

ScienciaScripts

Imprint

Cover image: www.ingimage.com

This book is a translation from the original published under ISBN 978-620-8-41795-6.

Publisher:
Sciencia Scripts
is a trademark of
Dodo Books Indian Ocean Ltd. and OmniScriptum S.R.L publishing group

120 High Road, East Finchley, London, N2 9ED, United Kingdom
Str. Armeneasca 28/1, office 1, Chisinau MD-2012, Republic of Moldova, Europe
Managing Directors: Ieva Konstantinova, Victoria Ursu
info@omniscriptum.com

Printed at: see last page
ISBN: 978-620-8-54676-2

MODELAÇÃO DA INFORMAÇÃO DA CONSTRUÇÃO (BIM): SEGURANÇA NO LOCAL DE CONSTRUÇÃO E SAÚDE DOS TRABALHADORES

SHAHIDE DEHGHAN[1], HOSSEIN NOROUZI[2] HOSSEIN GHOLAMI[3]

1DEPARTAMENTO DE GEOGRAFIA, SECÇÃO DE NAJAFABAD, UNIVERSIDADE ISLÂMICA AZAD, NAJAFABAD, IRÃO

[2] DEPARTAMENTO DE ENGENHARIA CIVIL, SECÇÃO DE ISFAHAN (KHORASGAN), UNIVERSIDADE ISLÂMICA AZAD, ISFAHAN, IRÃO

3DEPARTAMENTO DE ENGENHARIA CIVIL, SECÇÃO DE ISFAHAN (KHORASGAN), UNIVERSIDADE ISLÂMICA AZAD, ISFAHAN, IRÃO

2026

ÍNDICE DE CONTEÚDOS

PREFÁCIO.. 3

INTRODUÇÃO.. 4

CORPO DO TEXTO 5

REFERÊNCIAS 43

PREFÁCIO

A modelação da informação de edifícios oferece muitos benefícios para a automatização de edifícios, incluindo menor consumo de energia, maior eficiência operacional, manutenção preditiva, melhor planeamento financeiro, melhores dados de desempenho dos edifícios e maior utilização de sensores. A MODELAGEM DA INFORMAÇÃO DO EDIFÍCIO introduz a inteligência necessária nos blocos de construção básicos e ajuda-os a tornarem-se inteligentes. Um edifício que tenha implementado a modelação da informação do edifício pode ser designado por edifício inteligente, capaz de controlar as operações do edifício, como a segurança contra incêndios e a .
automatizar e controlar o ar condicionado, a ventilação, etc. Um edifício inteligente utiliza sensores e microchips para recolher e gerir dados de acordo com as funções. E os serviços de uma infraestrutura deste tipo ajudam os proprietários, os operadores e os gestores das instalações a reduzir a eficiência e a aumentar o desempenho dos activos, a reduzir o consumo de energia, a maximizar a utilização do espaço e a minimizar o impacto ambiental dos edifícios. Os sistemas devem ser concebidos de modo a permitir a manutenção e os ajustamentos. Em termos mais simples, a modelação da informação de edifícios é uma rede de sensores, contadores, aparelhos e outros dispositivos capazes de enviar e receber dados. Os dispositivos de modelação da informação do edifício e outros tipos de tecnologia de edifícios inteligentes estão atualmente a ser utilizados para aplicações como os controlos da iluminação e do ar condicionado. bem estabelecidos, mas sabia que a modelação da informação de edifícios pode ser incorporada, de alguma forma, em quase todos os dispositivos com um interrutor de ligar/desligar? Explore estas aplicações de modelação da informação de edifícios menos conhecidas e veja se alguma delas pode ajudar as suas instalações. Com o avanço da tecnologia e da tecnologia, vemos novas e novas tecnologias dia após . Uma dessas novas tecnologias de que poderá ter ouvido falar nos últimos anos é a tecnologia de modelação da informação da construção. A modelação da informação da construção desempenha um papel e uma influência importantes no domínio da tecnologia atual. Se tiver informações sobre a modelação da informação da construção, talvez a primeira coisa que lhe venha à cabeça quando utiliza esta tecnologia seja a sua aplicação mais importante, a casa inteligente. Mas devemos dizer que a casa inteligente não é a única aplicação da modelação da informação da construção. De facto, pode dizer-se que esta tecnologia muda todos os aspectos da nossa vida e oferece um estilo de vida novo e atualizado com recurso à tecnologia moderna.

INTRODUÇÃO

Technologyin Smart Buildings/Technology(Building information modeling) A modelação da informação do edifício (Building information modeling) é um conjunto de dispositivos informáticos ligados, máquinas mecânicas e digitais equipadas com identificadores únicos e com a capacidade de transmitir dados através de uma rede sem comunicação entre humanos ou entre computadores. É o computador. O seu potencial entusiasma muitas indústrias. A importância da tecnologia na construção é muito importante. As modernas operações de construção seguem a modelação da informação de construção para conseguir poupanças de energia, flexibilidade na operação e facilidade nas actividades de manutenção diárias. Começa agora a ter um impacto positivo na automatização e no controlo dos edifícios inteligentes. Em palavras simples, podemos introduzir a modelação da informação do edifício como: "Modelação da informação do edifício significa: diferentes dispositivos estão ligados entre si através da informação do edifício e interagem e falam uns com os outros e com as pessoas sobre a informação do edifício. Qualquer dispositivo que possua esta capacidade, como um smartphone, auscultadores e outros dispositivos semelhantes, ou dispositivos como uma máquina de café, uma máquina de lavar roupa, etc., pode ser incluído no círculo de modelação da informação sobre edifícios. De facto, a modelação da informação de construção é uma rede de objectos e pessoas que estão ligados pela informação de construção e têm um grande número de ligações. A comunicação entre os membros desta rede efectua-se de três formas gerais: humano com dispositivo, dispositivo com dispositivo, humano com humano. A informação de construção é uma integração do mundo físico e do mundo informático que, ao criar oportunidades para os seres humanos, também atinge objectivos nos edifícios, tais como: aumentar a eficiência e reduzir o consumo de energia, aumentar a segurança e a proteção, facilitar os processos e proporcionar conforto e paz aos residentes. Pode afirmar-se que o mundo atual foi completamente dominado pela tecnologia digital. Estas tecnologias emergentes, como a modelação da informação da construção, têm desempenhado um papel importante e influente na vida das pessoas.

CORPO DO TEXTO

A modelação da informação de construção ajuda-nos a viver e a trabalhar de forma inteligente e, ao mesmo tempo que desfrutamos de mais prosperidade, temos também um controlo total sobre as nossas vidas e dispositivos. Com o progresso e o desenvolvimento da modelação da informação da construção, deve dizer-se que foi estabelecida uma revolução nos telemóveis, na casa e noutros dispositivos ligados à informação da construção. Através da modelação da informação do edifício, é fornecido um ecossistema, cujos componentes estão empenhados em fazer coisas de forma inteligente. Esta tecnologia tem sido capaz de desempenhar um papel importante na redução de custos e no aumento da segurança e da qualidade, graças à visão e ao conhecimento que proporciona aos proprietários de empresas a partir da informação recolhida. A principal razão para a importância que atribuímos à modelação da informação de edifícios não é o facto de, por exemplo, com a ajuda desta tecnologia, as luzes poderem ser acesas antes de o carro entrar no parque de estacionamento! Pelo contrário, a principal razão para esta importância são os dados que os dispositivos ligados recolhem e fornecem sobre os utilizadores. Por último, os conjuntos de dados recolhidos pelos dispositivos permitem que os consumidores, as empresas, etc., sejam mais eficientes. A modelação da informação de construção tem muitas vantagens e benefícios em todos os aspectos da vida pessoal e social do ser humano. Se quisermos nomear algumas dessas vantagens, devemos incluir um acesso mais fácil a dados remotos, uma melhor comunicação dos objectos entre si, poupança de energia e de tempo, monitorização completa dos objectos, menor intervenção humana e redução do erro humano e, finalmente, melhoria e aumento do nível de qualidade de vida através da automatização das tarefas diárias. Os dispositivos de modelação da informação de edifícios têm sensores e microprocessadores que operam sobre os dados recolhidos pelos sensores utilizando a aprendizagem automática. Podemos considerar cada dispositivo de modelação da informação do edifício como um pequeno computador que está ligado à informação do edifício. Os dados recebidos são processados pelo software e, em seguida, este decide agir, por exemplo, para anunciar um aviso ou ajustar os sensores sem a necessidade do utilizador, etc. O computador actua como um humano e aprende como um humano através da recolha de dados circundantes. Desta forma, torna-se inteligente. Os dados ajudam a máquina a reconhecer com êxito os interesses e as prioridades e a atuar automaticamente. Por outras palavras, pode dizer-se que a aprendizagem automática é um tipo de inteligência artificial que permite que os computadores aprendam sem que ninguém lhes escreva um programa. Entre as aplicações mais importantes da modelação da informação da construção que foram registadas e estão disponíveis até ao momento, mencionamos a casa inteligente, a cidade inteligente, o carro inteligente , a agricultura inteligente e a agricultura inteligente, o ciclo de produção inteligente. Com o avanço deste tipo de tecnologia, devemos esperar mais eventos interessantes num futuro próximo. De seguida, gostaríamos de contar a utilização da tecnologia na construção inteligente. A inteligência da construção é uma das mais importantes utilizações da tecnologia. Devemos dizer que a modelação da informação de construção causou uma transformação completa na indústria inteligente. Esta tecnologia inteligente para a casa é fornecida com o objetivo de controlar dispositivos e proporcionar conforto e segurança. Mas talvez a sua pergunta seja: como é que a modelação da informação de construção torna a casa inteligente? Bem, devemos dizer que a ligação de plataformas e sistemas mecânicos, eléctricos e electromecânicos entre si leva à construção de redes inteligentes. Os sistemas comunicam e interagem entre si e, monitorizando-se a si próprios e uns aos outros, executam operações automaticamente sempre que necessário. Também se pode dizer que os dados recolhidos dos dispositivos ligados à rede inteligente ajudam os gestores dos edifícios a colocar a eficiência a um nível elevado através da análise da informação e dos dados e a tomar medidas para criar edifícios mais inteligentes. Ao utilizar a modelação da informação do edifício em edifícios inteligentes, é possível controlar o equipamento e os dispositivos do edifício com programas baseados na Web. Por exemplo, referimo-nos aos frigoríficos inteligentes que, ao ligarem-se às informações do edifício, informam os utilizadores sobre o seu conteúdo e a quantidade de stock, bem como a data de validade dos alimentos. Como outro exemplo, num edifício inteligente, podemos utilizar sensores de controlo de temperatura que medem a temperatura da divisão, . Depois de medir a temperatura da área, enviam os dados para o hub, e o hub dá instruções para que as válvulas sejam abertas ou fechadas, o que causa a menor perda de energia juntamente com o ar correspondente na sala. Existem diferentes formas de resolver problemas em edifícios, mas com a modelação da informação de construção, isto pode ser feito muito facilmente. Num edifício inteligente, ao instalar diferentes sensores e ao ligar diferentes equipamentos, como contadores de água e energia, iluminação, segurança, sistemas de aquecimento e arrefecimento, se todos estiverem equipados com os sensores relevantes, pode facilmente analisar e Analisando os dados obtidos a partir do equipamento com software de aplicação, pode colocar o desempenho do edifício em boas condições e tomar medidas para resolver os problemas facilmente. Criar um sistema inteligente de controlo da iluminação / tornar inteligente o contador de água, eletricidade e gás com capacidade para medir o consumo / monitorização e controlo de portas e janelas sensíveis / instalação de um sensor de deteção de fugas nas condutas de água / regulação do nível de qualidade do ar no interior das instalações / sensores para deteção de fumo / inteligentização para anunciar e extinguir incêndios / fechadura inteligente da porta de entrada / inteligentização do sistema de ventilação / possibilidade de contar as pessoas e a quantidade de tráfego / sensor de segurança para detetar a presença de pessoas / controlador de IR inteligente / estacionamento inteligente / rega de vasos e espaços verdes. A modelação da informação do edifício é uma tecnologia interessante que tem sido muito utilizada nos últimos anos. O facto de o sistema inteligente ter o potencial de transformar fundamentalmente a vida e criar um elevado bem-estar e segurança tornou-o popular. Neste artigo, introduzimos a modelação da informação de edifícios e também mencionámos a utilização da modelação da informação de edifícios na construção inteligente. Em , deve dizer-se que a tecnologia de modelação da informação da construção ligou o mundo virtual da informação ao mundo real das pessoas e facilitou a realização de tarefas. O ponto importante é que, ao utilizar qualquer um dos equipamentos inteligentes para tornar os edifícios inteligentes, o consumo de energia será grandemente reduzido e a energia será consumida de forma optimizada. A modelação da informação do edifício (Building information modeling) entrou há pouco tempo nas nossas vidas. Nos últimos anos, temos visto muitos exemplos da utilização da modelação da informação de edifícios na nossa vida quotidiana, incluindo casas inteligentes, cidades inteligentes, tecnologia vestível, sistemas agrícolas inteligentes, etc. . Mesmo que não a tenhamos visto de perto, de certeza que já ouvimos falar dela. O que a modelação da informação de edifícios faz é ligar dispositivos inteligentes entre si para a nossa vida. De , na tecnologia de modelação da informação sobre edifícios, o objetivo é implementar a presença da informação sobre edifícios na nossa vida quotidiana noutros dispositivos para além de telefones, telemóveis e computadores portáteis. Uma rede de objectos ou dispositivos físicos que funcionam com o objetivo de mover ou transferir dados para outros dispositivos ou sistemas no ambiente de informação sobre edifícios é designada por modelação da informação sobre edifícios. Com o desenvolvimento da tecnologia, o adjetivo "inteligente" foi acrescentado a muitos dispositivos.

Relógio inteligente, casa inteligente, frigorífico inteligente e carro inteligente são exemplos que foram criados com a ajuda da tecnologia e o seu número aumenta de dia para . Os dispositivos ligados na modelação da informação da construção têm um endereço dedicado que é utilizado para receber e enviar dados sobre a informação da construção. Além disso, cada dispositivo de modelação da informação do edifício pode incluir componentes como sensores, processadores e chips de comunicação que recolhem dados do ambiente circundante e os enviam para servidores em nuvem. Os dados recolhidos são processados nos servidores em nuvem. Em seguida, os dados processados regressam ao dispositivo de modelação da informação do edifício ou aos sensores para executar uma ação específica. Como já foi referido, os dispositivos de modelação da informação do edifício recolhem dados em tempo real e enviam-nos para o backend, cujo volume é muito elevado. Gerir esta quantidade de dados e processá-los ao mesmo tempo é um grande desafio. Especialmente nos casos em que esta informação é crítica, o mais pequeno problema no processamento ou envio destes dados pode ter consequências irreparáveis. Por exemplo, nos veículos automáticos, em que informações importantes e por vezes críticas são regularmente trocadas entre o dispositivo e o servidor. Por exemplo, nos veículos automáticos, em que são regularmente trocadas informações importantes e por vezes críticas entre o dispositivo e o servidor, os erros de rede ou a perda de uma parte destes dados devido a problemas do servidor e do back-end não podem de modo algum ser ignorados. Nestes casos, a aplicação Web deve ter a capacidade de devolver um pacote de dados se este se perder. Naturalmente, esta caraterística complica a conceção de uma aplicação Web deste tipo. É por esta razão que as grandes empresas do mundo procuram contratar programadores profissionais e experientes neste domínio. Os dispositivos de modelação da informação de construção têm um melhor desempenho quando têm um backend poderoso. O back end deve ter a capacidade de gerir grandes quantidades de dados e de os processar e enviar para o front end em tempo real. Por outras palavras, podemos dizer que as diferentes partes do sistema de modelação da informação da construção devem estar integradas. E isto acontece quando um poderoso backend funciona nos bastidores dos sistemas de modelação da informação para edifícios. Os dispositivos de modelação da informação da construção funcionam maioritariamente sem fios. Por esta razão, a existência de um sistema de gestão de energia forte é muito necessária. Além disso, como a parte mais pesada da história acontece no backend, é necessária muita energia e espera-se um elevado consumo de energia da bateria. Por conseguinte, um dos aspectos importantes a que os programadores devem prestar atenção é a conceção de projectos que reduzam o consumo excessivo de energia. Uma vez que a modelação da informação de edifícios utiliza servidores em nuvem para transferir dados entre diferentes dispositivos, a velocidade aumenta. O ecossistema de modelação da informação de edifícios consiste em dispositivos e equipamentos inteligentes baseados na Web que utilizam sistemas incorporados, como processadores, sensores e hardware de comunicação, para recolher, transmitir e atuar sobre os dados que do seu ambiente. Os dispositivos tecnológicos comunicam com outros produtos numa rede e actuam com base nas informações que recebem uns dos outros. Estes equipamentos inteligentes fazem a maior parte do trabalho sem intervenção humana. Embora estas pessoas possam interagir com os dispositivos BUILDING INFORMATION MODELING, por exemplo, dando comandos e instruções, configurando ou acedendo a dados, eles interagem entre si. A forma de ligação, a rede e os protocolos de comunicação utilizados nos dispositivos inteligentes baseados na Web. Depende em grande medida dos programas específicos implementados. A modelação da informação de edifícios alterou o modo de vida humano ao ligar equipamentos e controladores inteligentes a outros dispositivos no edifício. Qualquer dispositivo, desde a televisão ao aquecimento e arrefecimento, fechaduras de portas, iluminação, etc., pode ser ligado a um controlador inteligente através das informações do edifício e dar o controlo da casa inteligente ao seu proprietário. Utilizar a modelação da informação do edifício na casa inteligente Torna a vida mais fácil e mais agradável para uma pessoa e a assumir o controlo total do seu ambiente e a viver de forma inteligente. As casas inteligentes estão equipadas com termóstatos inteligentes, dispositivos inteligentes de refrigeração e aquecimento, iluminação e dispositivos electrónicos ligados. Podem ser controladas e geridas remotamente através de telemóvel e computador. Para além das vantagens da modelação da informação da construção para a casa inteligente, a utilização desta tecnologia é também necessária e essencial para os locais comerciais. A visão especial que a modelação da informação do edifício tem sobre o funcionamento dos sistemas e equipamentos utilizados em locais industriais e comerciais, fornece uma visão detalhada de como estes equipamentos funcionam de forma óptima e funcional. A modelação da informação de edifícios permite que as fábricas e as empresas automatizem e tornem inteligentes as suas operações e processos e reduzam os custos relacionados com a mão de obra, os erros percentuais, reduzam as perdas e melhorem a prestação de serviços, finalmente produzam e entreguem bens a baixo custo, sem problemas e no mais curto espaço de tempo possível. A modelação da informação na construção incentiva as empresas e as organizações a tomarem decisões e métodos repensarem a sua atividade e a disporem de ferramentas para melhorarem as suas estratégias. A modelação da informação de construção pode beneficiar os agricultores, facilitando o trabalho dos agricultores na produção de produtos agrícolas e de estufa. Os sensores e os sensores inteligentes podem recolher dados relacionados com a precipitação, a humidade, a temperatura e o teor do solo, bem como outros factores, e ajudar a resolver e automatizar as técnicas agrícolas. A automatização e a inteligência podem utilizar a modelação da informação de edifícios para monitorizar e gerir os sistemas mecânicos e eléctricos de um edifício. Numa cidade inteligente, os sensores e equipamentos inteligentes, tais como luzes e contadores inteligentes, podem ajudar a reduzir o tráfego, poupar energia, monitorizar e resolver problemas ambientais e melhorar o seu desempenho. Existem muitas aplicações da modelação da informação da construção no mundo real, desde o papel da modelação da informação da construção na casa inteligente até aos edifícios e locais de produção, industriais e urbanos. Esta tecnologia continua a expandir-se e a progredir, e as instituições equipadas com sistemas tecnológicos estão a aumentar todos os anos, porque estão conscientes do princípio de que a utilização da tecnologia de modelação da informação da construção, juntamente com sistemas inteligentes, tem um impacto direto na melhoria da vida, do conforto e da segurança. A modelação da informação do edifício refere-se a dispositivos e objectos que estão ligados à informação do edifício e são capazes de trocar informações entre . Estes dispositivos são inteligentes e reagem automaticamente aos dados e informações que recolhem de si próprios, bem como aos dados enviados por outros dispositivos. Incluindo casas inteligentes, cidades inteligentes, ambientes médicos e de saúde. Utilizando a modelação da informação de construção, os dispositivos são capazes de recolher dados, analisá-los e controlar o seu desempenho. Esta funcionalidade permite que os utilizadores e as organizações utilizem mais dados e controlem mais facilmente o ambiente circundante e os dispositivos que utilizam esses dados. Entre as aplicações mais importantes da modelação da informação de edifícios contam-se as casas inteligentes, os carros inteligentes, a agricultura inteligente e a agricultura inteligente. O ciclo de produção foi destacado. A construção inteligente é uma das aplicações mais importantes da modelação da informação da construção. De facto, pode dizer-se que a MODELAGEM DA INFORMAÇÃO DE CONSTRUÇÃO causou uma revolução completa na indústria inteligente. Esta tecnologia é fornecida com o objetivo de controlar dispositivos e proporcionar conforto e segurança. A ligação de plataformas e sistemas mecânicos, eléctricos e electromecânicos entre si conduz à construção de redes inteligentes. Os sistemas comunicam e interagem entre si e, monitorizando-se a si próprios e uns aos outros, executam operações automaticamente sempre que necessário. Ao utilizar a modelação da informação do edifício em casas inteligentes, é possível controlar os equipamentos e dispositivos do edifício com aplicações baseadas na Web. Por exemplo, podemos referir os sensores de controlo de temperatura que medem continuamente a temperatura da divisão. Depois de medirem a temperatura da área, enviam os dados para o hub e este dá instruções para que as válvulas sejam abertas ou fechadas, o que provoca a menor perda de energia possível, juntamente com um ar confortável na divisão. Existem diferentes métodos para resolver problemas em edifícios, mas com a modelação da informação de edifícios, isso pode ser feito facilmente. Entre as aplicações da modelação da informação do edifício, é possível criar um sistema inteligente para controlar o nível de iluminação, tornar inteligente o contador de água, eletricidade e gás com a capacidade de medir o consumo, monitorizar e controlar portas e janelas sensíveis, instalar um sensor de deteção de fugas nas condutas de água, ajustar o nível de qualidade do ar no interior das instalações, sensores de deteção de fumo, inteligência para anunciar e extinguir incêndios, fechadura inteligente da porta de entrada, inteligência do sistema de ventilação, possibilidade de contar as pessoas e a quantidade de tráfego, sensor de deteção de segurança da presença de pessoas, controlador inteligente de IR, estacionamento inteligente, rega de vasos e espaços verdes, etc.A MODELAGEM DA INFORMAÇÃO DO EDIFÍCIO é uma tecnologia importante que tem recebido muita atenção nos últimos anos. O facto de o sistema inteligente ter o potencial de transformar fundamentalmente a vida e criar um elevado bem-estar e segurança tornou-o popular. Atualmente, em muitos países avançados do mundo, as pessoas utilizam a modelação da informação de construção nas suas casas. Entre as caraterísticas e aplicações da utilização deste tipo de edifício em casas inteligentes, pode ser utilizado como sistema de alarme, sistema de monitorização e sistema de controlo. As vantagens mais importantes da utilização da modelação da informação de edifícios em casas inteligentes são a poupança de energia, a deteção de fumo, de incêndios e de fugas. Mencionou a poupança de gás, de água, etc. Uma das razões mais importantes para a não ocorrência de incidentes terríveis e destrutivos nos países desenvolvidos é a utilização da modelação da informação de edifícios em apartamentos e casas. De facto, as casas onde este tipo de construção é utilizado são chamadas casas inteligentes. As vantagens da utilização deste tipo de casa são tantas que toda a gente sonha em viver nela. De facto, viver nestas casas aumenta a segurança, o bem-estar e a paz dos residentes. Qualquer estrutura inteligente que tenha sido tornada inteligente com a ajuda da modelação da informação de construção beneficia das vantagens e capacidades desta nova tecnologia. Se está familiarizado com os métodos de construção inteligente, sabe que a modelação da informação da construção desempenha um papel importante em todos estes processos. A modelação da informação do edifício significa controlar tudo através da ligação à informação do edifício. De facto, com a ajuda da modelação da informação do edifício, é criada uma rede para que a comunicação necessária possa ser estabelecida de forma inteligente e tudo possa estar completamente sob controlo. Consequentemente, o papel da modelação da informação do edifício nos edifícios inteligentes consiste em estabelecer esta comunicação e ligação através da informação do edifício, de modo a que o controlo de tudo esteja nas mãos dos seres humanos. A combinação de uma plataforma, a ligação do edifício e a comunicação entre sistemas electrónicos e mecânicos é o que define a inteligência das casas através da modelação da informação do edifício. Uma das principais tecnologias necessárias para a inteligência das habitações é a modelação da informação da construção. Com a ajuda da tecnologia, é possível controlar diferentes partes da casa. Maior segurança, conveniência e conforto são os principais objectivos da utilização da modelação da informação de edifícios para tornar as casas mais inteligentes. Talvez existam diferentes formas de gerir e controlar tudo nas casas, mas, sem dúvida, com a modelação da informação do edifício, tudo é feito de forma mais fácil e conveniente. A modelação da informação do edifício é muito importante para a resolução de problemas nos edifícios. Com a sua ajuda, a gestão global de uma estrutura é muito mais precisa e melhor. Por conseguinte, a importância da tecnologia nos edifícios inteligentes está para além do que se pode imaginar. Com a ajuda da modelação da informação do edifício em casas inteligentes, é possível decidir especificamente que dispositivos devem ser controlados e que critérios devem ser considerados para a gestão de um edifício. Utilizando esta tecnologia, é possível controlar e gerir câmaras de segurança, determinar como ajustar a iluminação de acordo com as diferentes horas do dia e da noite, ajustar de forma inteligente a temperatura ambiente e os sistemas de arrefecimento e aquecimento. Ativar e controlar remotamente electrodomésticos como a televisão, a máquina de lavar roupa, a máquina de lavar louça e o aspirador e realizar milhares de outras tarefas. Com a ajuda da tecnologia, também é possível gerir o sistema de consumo de eletricidade e gás da casa. Tornar mais inteligente a entrada e a saída da casa, controlar e utilizar sensores de segurança e reconhecimento facial no edifício, diagnosticar e resolver problemas do edifício, como fugas de tubos, e até gerir a rega e os espaços verdes são algumas das aplicações que a modelação da informação do edifício pode tornar inteligentes. casas. A tecnologia pode ser utilizada em edifícios inteligentes em diferentes sistemas. Uma das funções da modelação da informação de edifícios é nas aplicações utilizadas para o sistema de alarme de uma estrutura. O sistema de alarme recebe informações sobre a temperatura ambiente, a quantidade de luz ou a segurança de um edifício e emite os avisos necessários com base nelas. O sistema de monitorização das casas inteligentes também está no controlo da modelação da informação do edifício e, com base nela, é possível controlar todas as actividades de uma casa, incluindo o tráfego e as deslocações. O sistema inteligente também se baseia na inteligência artificial e pode fazer previsões úteis, tais como prever eventos inesperados e eventos naturais. Por último, podem ser utilizados diferentes programas de casa inteligente para ter um sistema de iluminação inteligente, electrodomésticos inteligentes, sistema de segurança inteligente e deteção de intrusão, bem como um sistema inteligente de deteção de fumo ou gás em casa. Numa casa inteligente, a modelação da informação do edifício (Building information modeling) funciona como um sistema de comunicação central que liga todos os vários dispositivos, sensores e equipamentos da casa. Estes sensores recolhem continuamente várias informações, como a temperatura, a humidade, a luz, o movimento e o estado dos dispositivos, e enviam-nas para o sistema central. Estes dados são depois analisados por sistemas de inteligência artificial e software de gestão de casas inteligentes para serem utilizados no controlo inteligente de dispositivos, melhorando a segurança da casa, poupando energia e melhorando a qualidade de vida em casa. Nesta fase, os vários sensores da casa recolhem informações sobre as condições ambientais, como a temperatura, a humidade, a luz, o movimento e o estado dos sistemas de segurança. Estas informações são continuamente enviadas para o sistema central. O sistema central, que inclui um servidor ou plataforma de software, é responsável pela receção, processamento e análise destes dados. Simplesmente, este sistema actua como o cérebro da casa e é responsável pela gestão dos dados e pelo envio de comandos para os dispositivos. Nesta fase, o sistema central analisa a informação recebida e extrai os dados necessários de acordo com as condições. Estes dados incluem o estado da temperatura, o movimento no interior da casa ou o estado de vários dispositivos, como os sistemas de aquecimento, refrigeração e segurança. De acordo com estas informações, o sistema central avalia o estado da casa de forma inteligente. Depois de analisar os dados, o sistema central toma uma decisão e envia os comandos necessários. Por exemplo, se a temperatura da casa subir anormalmente, o sistema liga automaticamente o ar condicionado. Ou se for detectado um movimento suspeito na casa, o sistema envia automaticamente um alerta ou ativa as câmaras de segurança. Uma das maiores vantagens da modelação da informação de construção na casa inteligente é a possibilidade de controlar dispositivos remotamente. Isto permite que os residentes da casa monitorizem e alterem facilmente o funcionamento de vários dispositivos através de um smartphone ou de outros dispositivos. Entre estas capacidades, é possível mencionar ligar e desligar as luzes, ajustar a temperatura e controlar outros dispositivos domésticos. A modelação da informação de construção também cria uma ligação direta entre todos os dispositivos e equipamentos da casa e permite que o sistema central faça a gestão da casa de forma inteligente e com o mais alto nível de eficiência. Outra parte do trabalho que pode ser feito com a ajuda da modelação da informação do edifício em edifícios inteligentes. Os dados são o acesso a uma série de dados importantes através dos quais o controlo e a gestão de um edifício são feitos de forma melhor e mais precisa. Os dados importantes que podem ser extraídos desta forma e a sua análise são utilizados como critério para a gestão de uma estrutura, incluindo informações como a temperatura ambiente, o consumo de eletricidade e gás e energia, informações relacionadas com a humidade ambiente, a quantidade de tráfego e movimento num edifício, verificando os dispositivos de comunicação e câmaras. A modelação da informação do edifício permite-nos gerir melhor um edifício e ser mais eficientes com uma extração de dados e uma análise precisas desta informação. Por exemplo, com base nas informações de temperatura obtidas, é possível analisar a que horas ou momentos do dia é necessário mais calor ou frio e, desta forma, a quantidade de consumo de energia pode ser optimizada. Além disso, os dados de tráfego do edifício podem ajudar a melhorar o sistema de segurança de uma estrutura. Toda esta informação é fornecida graças à existência da modelação da informação do edifício e às capacidades que esta oferece. De facto, a informação é recebida e recolhida a partir de sistemas inteligentes existentes e, ao tê-los, é possível efetuar uma gestão mais optimizada de um edifício. A modelação da informação do edifício, ou

BUILDING INFORMATION MODELING, refere-se aos milhares de milhões de dispositivos físicos em todo o mundo que estão agora ligados à informação do edifício, todos recolhendo e partilhando dados. Graças à chegada dos chips de computador e à omnipresença das redes sem fios, qualquer coisa, desde algo tão pequeno como um tablet até algo tão grande como um avião, pode fazer parte da modelação da informação de edifícios. Ligar todos estes diferentes objectos e adicionar-lhes sensores acrescenta um nível de inteligência digital aos dispositivos. A modelação da informação de construção torna o tecido do mundo que nos rodeia mais inteligente e mais reativo e integra os mundos digital e físico. No Fractal Construction Group, tendo em conta o progresso diário da tecnologia e utilizando sistemas digitais actualizados, utilizamos a modelação da informação da construção. Utilizamo-lo na construção de edifícios para proporcionar uma sensação de bem-estar e conforto, bem como poupar energia e tempo aos residentes do edifício. Quase todos os objectos físicos podem tornar-se dispositivos tecnológicos, se puderem ser ligados à informação do edifício. Uma lâmpada que pode ser ligada através de uma aplicação para smartphone é um dispositivo tecnológico, tal como um sensor de movimento ou um termóstato inteligente no seu escritório ou um candeeiro de rua ligado. Alguns objectos de maiores dimensões podem, eles próprios, ser povoados por muitos componentes mais pequenos de modelação da informação da construção, como um motor a jato que está agora povoado por milhares de sensores que recolhem e transmitem dados para garantir o seu funcionamento. Numa escala maior, os projectos de cidades inteligentes enchem áreas inteiras com sensores que nos ajudam a compreender e controlar o nosso ambiente.

O termo Tecnologia (BUILDING INFORMATION MODELING) é utilizado principalmente para dispositivos que normalmente não se espera que tenham uma ligação ao edifício e que podem comunicar com a rede independentemente da ação humana. A modelação da informação do edifício (BUILDING INFORMATION MODELING) é um conjunto de dispositivos informáticos ligados, máquinas mecânicas e digitais equipadas com identificadores únicos e com a capacidade de transmitir dados através de uma rede sem comunicação entre humanos ou entre computadores. O seu potencial entusiasma múltiplos sectores. A importância da tecnologia na construção é muito crítica. As modernas operações de construção seguem a modelação da informação de construção para conseguir poupanças de energia, flexibilidade nas operações e facilidade nas actividades de manutenção diárias. Começa agora a ter um impacto positivo na automatização e no controlo dos edifícios inteligentes. A modelação da informação do edifício oferece vários benefícios para a automatização dos edifícios, incluindo um menor consumo de energia, uma maior eficiência operacional, manutenção preditiva, melhor planeamento financeiro, melhores dados de desempenho do edifício e uma maior utilização de sensores, etc. Introduz a inteligência necessária nos blocos de construção básicos e ajuda-os a tornarem-se inteligentes. Um edifício implementado através da modelação da informação da construção pode ser referido como um edifício inteligente que pode automatizar e controlar as operações do edifício, como a segurança contra incêndios, a segurança, o ar condicionado, a ventilação, etc. Um edifício inteligente é constituído por sensores e microchips. Esta infraestrutura ajuda os proprietários, operadores e gestores a aumentar a eficiência e o desempenho, reduzir o consumo de energia, maximizar a forma como o espaço é utilizado e minimizar o impacto ambiental dos edifícios. Os sistemas devem ser construídos de forma a permitir a manutenção e os ajustamentos. Em termos mais simples, a modelação da informação do edifício é uma rede de sensores, contadores, aparelhos eléctricos e outros dispositivos capazes de enviar e receber dados. Cada uma destas partes é igualmente importante na construção de uma casa inteligente que o cliente possa desfrutar. Ter o hardware correto tem a capacidade de expandir o protótipo de modelação da informação do edifício. Ao reformular as expectativas dos consumidores, espera-se que a domótica vise uma vasta gama de aplicações para novos clientes digitais. Os edifícios inteligentes utilizam dispositivos tecnológicos (BUILDING INFORMATION MODELING), sensores, software e conetividade online para monitorizar várias caraterísticas do edifício, analisar dados e gerar conhecimentos sobre padrões e tendências de utilização que podem ser utilizados para otimizar o ambiente e as operações do edifício: Um BMS ou sistema de gestão de edifícios pode ser programado para ligar o sistema de ar condicionado de um edifício a determinadas horas. Ligar e desligar durante o dia com base em níveis de temperatura pré-definidos. A tecnologia de edifícios inteligentes dá-lhe mais controlo sobre o funcionamento do seu sistema de ar condicionado. Por exemplo, pode orientar o seu BMS para ligar e desligar o aquecimento, a ventilação e o ar condicionado conforme necessário durante o dia, medindo os níveis de CO2 em tempo real. Se os níveis de CO2 cumprirem as diretrizes do edifício, o sistema reduz automaticamente a entrada de ar exterior. Se o nível de CO2 se aproximar do limite, o sistema introduzirá ar exterior adicional. As plataformas de análise de edifícios inteligentes também podem ter em conta dados de serviços públicos e dados meteorológicos, juntamente com os dados operacionais de aquecimento, ventilação e ar condicionado do seu edifício, para o ajudar a definir estratégias sobre formas de reduzir os custos operacionais em dias quentes. Ter este grau de controlo sobre o seu sistema de ar condicionado significa poupar energia e dinheiro, mantendo um ambiente confortável para os seus ocupantes. Os sistemas de edifícios inteligentes funcionam em conjunto com um BMS, permitindo-lhe compreender o seu edifício de forma mais estratégica, monitorizando as funções do edifício em tempo real, analisando os dados do edifício e automatizando as operações para que possa gerir totalmente as suas operações. Há duas coisas que distinguem os edifícios inteligentes das soluções tradicionais de comando e controlo: monitorização de dados e análise avançada. A modelação da informação do edifício permite-lhe ter informações sobre todos os aspectos do desempenho do seu edifício. Por exemplo, pode ligar sensores de modelação da informação do edifício a todo o equipamento do edifício (e não apenas aos principais componentes operacionais) para monitorização da qualidade da energia, manutenção preditiva, deteção de ocupação ou medição de energia. Podem ser montados em paredes, tubagens, etc. Coloque água, maquinaria, teto, portas, janelas, mesas, aparelhos, condutas de ar ou qualquer outro local relevante, dependendo do que pretende medir. Quanto mais informações detalhadas tiver sobre o seu edifício, mais oportunidades terá para efetuar melhorias específicas e alterações significativas. A análise avançada é outro fator de diferenciação dos sistemas de edifícios inteligentes. As ferramentas de análise incluem normalmente algoritmos estatísticos e, mais recentemente, capacidades de aprendizagem automática. Estas tecnologias sofisticadas podem examinar os detalhes das caraterísticas do seu edifício e do consumo de energia, e até integrar diferentes fluxos de dados (do interior e do exterior do seu edifício, como os dados meteorológicos e de comodidades acima mencionados) para encontrar a melhor abordagem para conseguir ajustar os seus objectivos. Ao longo do tempo, pode ver o impacto das medidas que toma, quais as acções que estão a funcionar bem e quais as que precisam de ser ajustadas para atingir o desempenho ideal. Por isso, hoje aprendemos como as casas e os edifícios beneficiam dos sistemas de modelação da informação da construção. Os sistemas de modelação da informação da construção reduzem o consumo de energia e, consequentemente, poupam enormes custos aos utilizadores e clientes. Nas nossas estruturas, podemos utilizá-los para obter mais conforto, poupar dinheiro e tempo, etc. A modelação da informação do edifício refere-se a dispositivos e objectos que estão ligados à informação do edifício e são capazes de trocar informações entre si. Estes dispositivos são inteligentes e reagem automaticamente aos dados e informações que recolhem de si próprios, bem como aos dados enviados por outros dispositivos. A tecnologia é utilizada em muitas indústrias e sectores, incluindo casas inteligentes, carros inteligentes, cidades inteligentes, quintas inteligentes e até em ambientes médicos e de saúde. Utilizando a modelação da informação de construção, os dispositivos são capazes de recolher dados, analisá-los e controlar o seu desempenho. Esta funcionalidade permite aos utilizadores e às organizações utilizar mais dados e controlar mais facilmente o ambiente circundante e os dispositivos que utilizam esses dados. Outro nome para as casas inteligentes é eHome. De facto, a presença da modelação da informação de construção nas casas inteligentes fez com que as pessoas vivessem num ambiente com sistemas automáticos ultra-avançados. Mas porque é que estas casas se chamam casas inteligentes? Porque as actividades diárias serão controladas por computador. Estas tecnologias têm um grande impacto na melhoria da qualidade de vida das pessoas. Através da modelação da informação do edifício em casas inteligentes, a maioria dos dispositivos e equipamentos da casa estarão ligados à informação do edifício. Atualmente, em muitos países desenvolvidos do mundo, as pessoas utilizam a modelação da informação de construção nas suas casas. Quando conhecer as caraterísticas e aplicações da utilização deste tipo de construção em casas inteligentes, compreenderá porque é que é melhor utilizar este tipo de construção nas suas casas. A seguir, ficará a conhecer as aplicações mais importantes da modelação da informação do edifício na casa inteligente: este sistema tem a capacidade de compreender o ambiente circundante e, de acordo com isso, envia todos os avisos recebidos do dispositivo para o utilizador. Este alerta inclui todas as informações relacionadas com os dados ambientais. Esta informação está normalmente relacionada com várias coisas, como o nível de diferentes gases no ambiente, alterações no aviso de temperatura, humidade, intensidade da luz, etc. e será enviada utilizador regularmente. Estes alertas são enviados para a pessoa através de correio eletrónico, mensagem de texto e outras redes sociais. Se quisermos destacar a função mais importante das casas inteligentes, temos de mencionar a função de monitorização do meio envolvente. A monitorização é uma das funções mais importantes das casas-modelo inteligentes, de acordo com a qual é possível acompanhar os problemas da sua casa. Por exemplo, se o ar da sua casa ficar demasiado quente, receberá avisos para ligar o ar condicionado. A utilização desta função ajuda o utilizador a controlar várias actividades. mais importantes são desligar e ligar lâmpadas, ar condicionado, abrir e trancar portas, abrir e fechar janelas, etc. De facto, ao viver em casas inteligentes, é possível fazer todas estas coisas a partir de casa ou de um local fora de casa. Uma das questões mais importantes que vêm à mente das pessoas é o que é que estas funcionalidades têm exatamente para elas. Porque é que precisa de tornar a sua casa inteligente? Isto vai certamente custar-lhe muito. Conhecer as vantagens deste tipo de construção em casas inteligentes ajudá-lo-á a motivar-se para tornar a sua casa inteligente. Estas vantagens incluem as seguintes: Se olhar para as escadas de muitos apartamentos ou pátios, verá muitas lâmpadas que ficam acesas sem uso e que consomem muita energia. Por vezes, as pessoas esquecem-se de desligar estas lâmpadas. Isto afecta muito o seu consumo de energia e aumenta os seus custos. Ao implementar este sistema em casa, poupará muito dinheiro. Muitos apartamentos ou mesmo casas residenciais são destruídos por incêndios ou fugas de gás. É muito importante ter um sistema que possa identificar estes problemas a tempo. Nas casas modelo inteligentes, qualquer tipo de incêndio ou problema de fuga de gás é detectado rapidamente e qualquer dano é evitado. A maior parte dos edifícios de apartamentos tem jardins e espaços verdes. De facto, todos os tipos de flores e plantas são utilizados para embelezar o espaço verde do apartamento. Estas flores, árvores, relva, etc. precisam de ser regadas regularmente. Normalmente, os jardineiros colocam uma mangueira no espaço verde ou no jardim para regar o espaço verde destes apartamentos, o que provoca um grande consumo de água. Nas casas-modelo inteligentes, são utilizados sistemas de gotejamento e de aspersão inteligentes para regar o espaço verde, de modo a poupar o consumo de água. Assim que as plantas recebem água suficiente, estes sistemas cortam rapidamente o fluxo de água. Uma das razões mais importantes para a não ocorrência de incidentes terríveis e destrutivos nos países desenvolvidos é a utilização da modelação da informação de construção em apartamentos e casas. De facto, as casas onde este tipo de construção é utilizado são chamadas casas inteligentes. As vantagens da utilização deste tipo de casa são tantas que toda a gente sonha em viver nela. De facto, viver nestas casas aumenta a segurança, o bem-estar e a paz dos seus moradores. Por , devido à presença de um sistema inteligente nestas casas, nunca terá de se preocupar com os perigos de uma fuga de gás ou de um incêndio. Esperamos que, ao ler este artigo, a informação necessária para as aplicações mais importantes da modelação da informação de edifícios em casas inteligentes. A modelação da informação de edifícios é possível graças ao desenvolvimento e à convergência de uma vasta gama de tecnologias, análises em tempo real, sensores, sistemas incorporados, sistemas sem fios, automação, sistemas de controlo e aprendizagem automática. A modelação da informação de edifícios é feita através de dispositivos e coisas. Funciona com sensores interiores que se ligam às informações do edifício e partilham dados com uma plataforma que aplica análises e partilha as informações com aplicações concebidas para satisfazer necessidades específicas. Tudo isto permite que os processos se tornem mais eficientes e também permite que certas tarefas sejam automatizadas, especialmente aquelas que são repetitivas, demoradas ou perigosas. Por exemplo, se estiver a conduzir e vir luz de verificação do motor acender, o seu automóvel conectado pode verificar o sensor e comunicar com o condutor no automóvel antes de enviar a informação para o fabricante. O fabricante pode então marcar uma reunião de reparação no concessionário mais próximo e garantir que as peças de substituição necessárias estão em stock quando chegar. Uma vasta gama de utilizações da modelação da informação de construção por parte dos consumidores inclui veículos autónomos, equipamento médico, domótica (como sistemas de iluminação e tomadas), tecnologia vestível e dispositivos que incluem capacidades de monitorização remota, como campainhas contactáveis. À distância, existe. , muitos deles também fazem parte da casa inteligente. A iluminação, o aquecimento e o ar condicionado, bem como os sistemas de segurança e multimédia, fazem todos parte de uma casa equipada com modelação da informação do edifício. Estes dispositivos podem poupar energia ao desligar os dispositivos que não são necessários. Muitas casas inteligentes giram em torno de uma plataforma ou servidor central que se liga a dispositivos e aparelhos inteligentes. Estes dispositivos são normalmente controlados através de um smartphone, tablet ou outro dispositivo, por vezes sem necessidade de uma rede Wi-Fi. Estes sistemas podem ser ligados a plataformas autónomas, como o Amazon Echo ou o Apple HomePod, ou utilizar ecossistemas de código aberto, como o Home Assistant ou o OpenHAB. Os dispositivos para edifícios podem também prestar uma assistência valiosa e melhorar a qualidade de vida dos idosos ou das pessoas com deficiência. Por , os dispositivos controlados por voz podem ajudar os utilizadores com limitações visuais ou de mobilidade, e os sistemas de alarme podem ligar-se diretamente aos aparelhos auditivos dos utilizadores com deficiência auditiva. Os sensores podem também monitorizar emergências médicas, como uma alteração súbita do ritmo cardíaco. A modelação da informação de edifícios pode ser utilizada para uma série de fins médicos e de saúde, incluindo a recolha e análise de dados para investigação e monitorização de doentes. Quando utilizada nestes contextos, a modelação da informação sobre edifícios é conhecida como informação sobre edifícios de objectos médicos (IoMT). A informação sobre edifícios de coisas médicas (IoMT), também conhecida como "cuidados de saúde inteligentes", combina recursos e serviços para fornecer um sistema de cuidados de saúde digital capaz de monitorizar sistemas de saúde e de notificação de emergência, incluindo monitores de tensão arterial e de ritmo cardíaco, pacemakers e aparelhos auditivos avançados. Afinal, alguns hospitais instalaram "camas inteligentes" que podem detetar a ocupação e a tentativa do paciente de se levantar. Estas camas também podem ser ajustadas para garantir que a pressão e o apoio corretos são automaticamente fornecidos ao doente. A informação de construção das coisas médicas (IoMT) também pode ser utilizada para gerir, controlar ou prevenir doenças crónicas através da monitorização. Utilizando soluções sem fios, estes dispositivos permitem aos médicos captar dados dos doentes e aplicar algoritmos para analisar dados de saúde. Outras aplicações de cuidados de saúde incluem dispositivos de consumo concebidos para incentivar um estilo de vida mais saudável, como balanças ligadas ou monitores de fitness (espelhos inteligentes). Fora dos contextos de cuidados de saúde, a informação sobre edifícios das Coisas Médicas (IoMT) está agora a ser utilizada no sector dos seguros de saúde, incluindo soluções baseadas em sensores, tais como wearables, dispositivos de saúde conectados e aplicações móveis para acompanhar o comportamento dos pacientes e fornecer modelos de tratamento mais precisos. A modelação da informação de construção tem muitas aplicações para os transportes, por exemplo, pode ser útil na comunicação entre veículos e intra-veículos, no controlo inteligente do tráfego, no estacionamento inteligente, na cobrança de portagens, na logística, na gestão de frotas, no controlo de veículos, na segurança e na assistência rodoviária. Ao aproximar os veículos da infraestrutura de transportes, a modelação da informação de edifícios pode também permitir comunicações veículo-para-tudo (V2X), veículo-para-veículo (V2V), veículo-para-infraestrutura (V2I) e veículo-para-veículo (V2I). Fornecer comunicações veículo-pedestre (V2P). Estes sistemas de comunicação de modelação da informação de edifícios abrem caminho à condução autónoma e a infra-estruturas rodoviárias conectadas. Os dispositivos de modelação da informação de edifícios podem monitorizar e controlar vários aspectos dos edifícios, incluindo sistemas mecânicos, eléctricos e electrónicos. A integração da informação sobre edifícios com os edifícios cria edifícios inteligentes que podem ajudar a reduzir o consumo de energia e monitorizar o comportamento dos ocupantes. Os dispositivos de modelação da informação de edifícios industriais (IBuilding information modeling) permitem a recolha e análise de dados de equipamentos, tecnologias e locais. A modelação da informação do edifício permite também actualizações automáticas dos activos para manter a eficiência e evitar perdas de tempo e custos com reparações e outras situações. A modelação da informação de edifícios pode ligar dispositivos de fabrico para permitir o controlo e a gestão de redes que proporcionem processos de produção inteligentes. Estes sistemas oferecem a possibilidade de otimizar produtos, processos e cadeias de abastecimento, bem como de responder à procura de produtos. A modelação da informação de edifícios pode aumentar a segurança através da manutenção preditiva, da avaliação estatística e da medição para maximizar a fiabilidade. As aplicações de modelação da informação de edifícios agrícolas incluem a recolha de dados sobre as condições meteorológicas, o conteúdo do solo ou a infestação de pragas. Os dados podem ajudar a automatizar as técnicas agrícolas, a tomar decisões, a melhorar a segurança, a reduzir os resíduos e a aumentar a eficiência. A utilização de inteligência artificial e de programas informáticos específicos pode melhorar tudo, desde a manutenção dos solos à piscicultura. A modelação da informação de construção pode ser utilizada para monitorizar e controlar infra-estruturas urbanas e rurais sustentáveis, incluindo pontes, caminhos-de-ferro ou parques eólicos. A análise em tempo real pode ajudar a planear a manutenção. Cidades inteiras podem ser geridas com a ajuda da modelação da informação de construção para criar uma cidade inteligente que ofereça uma vasta gama de benefícios aos residentes. Estes benefícios incluem tudo, desde lugares de estacionamento, monitorização ambiental, gestão do tráfego, redução da poluição, sistemas de segurança, iluminação, sinalização digital, Wi-Fi público, emissão de bilhetes sem papel, gestão da água, paragens de autocarro inteligentes, quiosques inteligentes, etc. A ligação de edifícios pode fornecer gestão de energia para lâmpadas, electrodomésticos, dispositivos industriais e outros. Os dispositivos que consomem energia podem ser geridos à distância para poupar energia quando não são necessários. Como programa paralelo, a rede inteligente pode recolher dados sobre o consumo de energia para melhorar a eficiência energética e a distribuição. Os sistemas domésticos inteligentes ganharam muita popularidade nas últimas décadas devido ao aumento da comodidade e da qualidade de vida. A maioria dos sistemas domésticos inteligentes é controlada por smartphones e microcontroladores. Uma aplicação para smartphone é utilizada para controlar e monitorizar as funções da casa utilizando técnicas de comunicação sem fios. Introduzimos o conceito de casa inteligente através da integração de serviços de modelação da informação da construção e da computação em nuvem, incorporando inteligência em sensores e actuadores, ligando em rede objectos inteligentes utilizando tecnologia relevante, facilitando a interação com coisas inteligentes utilizando a computação em nuvem para facilitar o acesso em diferentes locais. Iremos verificar. A tecnologia de computação em nuvem é uma das mais avançadas, aumentando a capacidade de computação e o espaço de armazenamento e melhorando a eficiência do intercâmbio de dados. Neste capítulo, apresentamos uma combinação de três componentes para criar uma abordagem robusta ao conceito e à implementação de uma casa inteligente avançada. A casa inteligente clássica, a tecnologia (BUILDING INFORMATION MODELING), a computação em nuvem e o processamento de eventos com base em regras são os elementos constitutivos da combinação integrada de casa inteligente avançada que propomos. Cada componente contribui com as suas principais caraterísticas e tecnologias para a combinação proposta. A modelação da informação do edifício (BUILDING INFORMATION MODELING) ajuda a ligar a informação do edifício e a gerir remotamente dispositivos móveis que estão integrados com uma variedade de sensores. Os sensores podem estar ligados a electrodomésticos, como aparelhos de ar condicionado, luzes e outros dispositivos ambientais. Assim, incorpora inteligência informática em dispositivos domésticos para fornecer formas de medir as condições da casa e monitorizar o desempenho dos aparelhos. A computação em nuvem fornece potência de computação escalável, armazenamento e aplicações para desenvolver, manter, executar serviços domésticos e aceder a dispositivos domésticos em qualquer lugar e a qualquer momento. O sistema de processamento de eventos baseado em regras permite o controlo e a coordenação de toda a composição da casa inteligente avançada. A combinação de tecnologias com o objetivo de produzir o melhor produto possível surgiu literatura recente de várias formas. Christos Stergio et al integraram a computação em nuvem e a modelação da informação da construção para demonstrar como a tecnologia de computação em nuvem melhora o desempenho da modelação da informação da construção. Majid al-Kwari centra-se na modelação da informação de edifícios incorporada na modelação da informação de edifícios para utilizar dados analisados para executar comandos remotos de electrodomésticos numa casa inteligente. Neste capítulo, explica a integração das casas inteligentes clássicas, da modelação da informação na construção, da modelação da informação na construção e da computação em nuvem. Começamos por analisar os conceitos básicos das casas inteligentes, da modelação da informação na construção, da computação em nuvem e dos sistemas de processamento de eventos. Discutimos a sua complementaridade e sinergia e detalhamos o que está atualmente a levar à sua integração. Também discutimos o que está atualmente disponível em termos de plataformas e projectos que implementam o paradigma da casa inteligente, da nuvem e da modelação da informação do edifício. Do ponto de vista da conetividade, a modelação da informação do edifício e os dispositivos adicionados à nuvem estão ligados à informação do edifício e, neste contexto, à LAN doméstica. Estas ligações complementam a configuração geral numa combinação totalmente integrada e interligada com grande capacidade de processamento, ferramentas poderosas de terceiros, aplicações abrangentes e grande espaço de armazenamento. Uma casa inteligente é uma extensão residencial da automatização de edifícios e inclui o controlo e a automatização de todas as suas tecnologias incorporadas. Define uma residência que possui aparelhos eléctricos, iluminação, aquecimento, ar condicionado, televisores, computadores, sistemas de entretenimento, grandes electrodomésticos como máquinas de lavar/secar e frigoríficos/congeladores, sistemas de segurança e câmaras capazes de estabelecer comunicação entre si e controlo remoto. Horário, telefone, telemóvel ou edifício. Estes sistemas incluem interruptores e sensores ligados a um hub central, que é controlado pelos residentes da casa através de um terminal de parede ou de uma unidade de telemóvel ligada ao serviço de nuvem de informações do edifício. A casa inteligente proporciona segurança, eficiência energética, baixos custos de funcionamento e comodidade. . A instalação de produtos inteligentes torna-a conveniente e permite poupar tempo, dinheiro e energia. Estes sistemas são adaptáveis e ajustáveis para satisfazer as necessidades em constante mudança dos ocupantes da casa. Na maioria dos casos, a sua infraestrutura é suficientemente flexível para se integrar com uma vasta gama de dispositivos de diferentes fornecedores e normas. A arquitetura de base permite a medição das condições da casa, o processamento de dados instrumentados, a utilização de sensores equipados com microcontroladores para medir as condições da casa, e permite o acionamento de dispositivos de monitorização incorporados na casa. A popularidade e a influência do conceito de casa inteligente estão a crescer a bom ritmo, uma vez que se tornou parte do processo de modernização e redução de custos. Isto é conseguido através da incorporação da capacidade de manter um registo centralizado de eventos, executando processos de aprendizagem automática para fornecer elementos-chave de custos, recomendações de poupança e outros relatórios úteis. Uma casa inteligente típica tem um conjunto de sensores para medir as condições da casa. Estão equipados com sensores de temperatura, humidade, luz e proximidade. Cada sensor é dedicado a efetuar uma ou mais medições. A temperatura e a humidade podem ser medidas por um sensor, enquanto outros sensores calculam o rácio de luz para uma determinada área e a sua distância a qualquer objeto exposto. Todos os sensores permitem o armazenamento e a visualização de dados para que o utilizador os possa visualizar em qualquer lugar e a qualquer momento. Para tal, inclui um processador de sinal, uma interface de comunicação e um anfitrião na infraestrutura da nuvem. Cria um serviço de nuvem para gerir electrodomésticos que está alojado na infraestrutura de nuvem. O serviço de gestão permite ao utilizador controlar as saídas de actuadores inteligentes relacionados com electrodomésticos, como lâmpadas e ventiladores. Os actuadores inteligentes são dispositivos como válvulas e interruptores que executam acções como ligar ou desligar aparelhos ou ajustar um sistema operativo. Os actuadores desempenham várias funções, como ligar/desligar a válvula, posicionamento da percentagem de abertura, ajuste para controlar alterações nas condições de fluxo, encerramento de emergência (ESD). Para ativar um atuador, é emitido um comando de escrita digital para o atuador. Tecnologia ou I. A TI é um sistema de dispositivos informáticos interligados, máquinas mecânicas e digitais, objectos, animais ou pessoas que estão ligados entre si através de identificadores únicos (UID) e a capacidade de transferir dados através de uma rede sem necessidade de interação entre humanos ou entre humanos e computadores. A definição latina de modelação da informação sobre edifícios é a proposta de uma estrutura semelhante a um edifício que liga objectos físicos do quotidiano, o que significa a proposta de uma estrutura semelhante à informação sobre edifícios que liga objectos físicos do quotidiano e que interagem ao mesmo tempo. Um componente de modelação da informação do edifício pode ser uma pessoa com um monitor cardíaco, um animal com um transponder de biochip, um automóvel com sensores incorporados para avisar o condutor da baixa pressão dos pneus, ou qualquer outra coisa natural ou artificial. Qualquer objeto a que possa ser atribuído um endereço IP e que seja capaz de transmitir dados através da rede é um componente da modelação da informação de construção, razão pela qual esta tecnologia é também designada por informação de construção de objectos. As organizações de vários sectores estão a utilizar cada vez mais a modelação da informação de edifícios para melhorar o desempenho, compreender melhor a prestação de serviços ao cliente, melhorar a tomada de decisões e aumentar o valor comercial. O ecossistema de modelação da informação do edifício é constituído por dispositivos inteligentes baseados na Web que incluem sistemas incorporados, como processadores, sensores e utilizam hardware de comunicação para recolher, transmitir e utilizar os dados que obtêm do seu ambiente. Os dispositivos de modelação da informação de edifícios recolhem dados de sensores e partilham-nos através da ligação a um gateway de modelação da informação de edifícios. Nesta tecnologia, os dados são enviados para a nuvem para serem analisados localmente ou analisados em tempo real. Por vezes, estes dispositivos comunicam com outros dispositivos e planeiam diferentes operações com base nas informações que recebem uns dos outros. Os dispositivos realizam a maioria das operações sem intervenção humana, embora as pessoas também possam interagir com os dispositivos, por exemplo, para configurar, dar instruções ou aceder a dados, um utilizador humano pode intervir. Os protocolos de conetividade, ligação em rede e comunicação utilizados por estes dispositivos dependem em grande medida das aplicações específicas de modelação da informação da construção. A modelação da informação sobre edifícios também pode utilizar a inteligência artificial (IA) e a aprendizagem automática para tornar o processo de recolha de dados mais fácil e dinâmico. Existem inúmeras aplicações reais da modelação da informação de edifícios; desde a tecnologia pública e a tecnologia organizacional até à tecnologia industrial e de fabrico (modelação da informação de edifícios). Entre as aplicações da tecnologia pública, podemos mencionar os sectores automóvel, das telecomunicações e da energia. Por exemplo, do lado do consumidor, as casas inteligentes equipadas com termóstatos inteligentes, aparelhos de aquecimento, iluminação e eletrónica inteligente podem ser controladas remotamente através de computadores e smartphones. Os dispositivos portáteis com sensores e software podem recolher e analisar dados do utilizador e enviar mensagens sobre os utilizadores a outras tecnologias para facilitar a vida das pessoas. No sector dos cuidados de saúde, a modelação da informação de edifícios em medicina oferece muitas vantagens, incluindo a capacidade de monitorizar uma análise mais precisa dos dados dos doentes utilizando dados de saúde individuais. Além disso, os hospitais utilizam frequentemente sistemas de modelação da informação na construção para realizar tarefas como a gestão do inventário de medicamentos e dispositivos médicos. No sector doméstico, por exemplo, os edifícios inteligentes podem reduzir os custos de energia através da utilização de sensores que detectam o número de ocupantes numa divisão. Por exemplo, a temperatura da casa pode ser ajustada automaticamente; por exemplo, ligando o ar condicionado se os sensores detectarem que a capacidade da divisão está cheia. No sector agrícola, os sistemas agrícolas inteligentes baseados na modelação da informação de edifícios podem ajudar a monitorizar factores como a luz, a temperatura, a humidade do ar e a humidade do solo nas explorações agrícolas, utilizando sensores ligados. A tecnologia também desempenha um papel eficaz na automatização dos sistemas de irrigação. Numa cidade inteligente, os sensores e sistemas baseados na modelação da informação da construção, como as luzes de rua inteligentes e os contadores inteligentes, podem ajudar a reduzir o tráfego, poupar energia, facilitar a monitorização do ambiente urbano, resolver problemas ambientais e melhorar a saúde. A agricultura é uma parte importante da atividade económica de qualquer país. Atualmente, a utilização de ferramentas e dispositivos avançados facilitou o trabalho agrícola e aumentou os produtos agrícolas. Esta indústria está a progredir de dia para dia e até os efeitos do BUILDING INFORMATION MODELING podem ser vistos na indústria agrícola. A utilização de ferramentas e máquinas agrícolas autónomas é um dos exemplos de inteligência. Além disso, a monitorização remota de terrenos agrícolas pode ser feita com sensores de luz, humidade e temperatura. Em geral, a utilização desta tecnologia tem conseguido aumentar a produção de produtos, melhorar a qualidade dos produtos e aumentar a produtividade e facilitar o controlo do trabalho. A utilização da modelação da informação da construção expandiu-se de tal forma que afectou muitas partes da vida humana. O estabelecimento da segurança tornou-se muito mais fácil com a ajuda de dispositivos e ferramentas construídos com base na MODELAGEM DA INFORMAÇÃO DOS EDIFÍCIOS. Por , a utilização de câmaras de vigilância inteligentes que têm a capacidade de enviar imagens e vídeos gravados é um dos exemplos da utilização desta tecnologia para aumentar a segurança. É de salientar que foram criadas cada vez mais ferramentas de segurança diversificadas com base nesta tecnologia, que são amplamente utilizadas atualmente. Atualmente, a utilização desta tecnologia nas fábricas também se generalizou. Os empresários estão a utilizar tecnologias mais avançadas para aumentar o seu progresso. Nas fábricas, esta tecnologia é utilizada para melhorar a automatização de vários equipamentos e máquinas. Normalmente, as fábricas que utilizam sensores, actuadores e outros equipamentos inteligentes sabem que a integração da modelação da informação da construção nos sistemas existentes é um passo inevitável. Sem dúvida, a utilização desta tecnologia pode aumentar a produtividade, reduzir os custos e, de um modo geral, introduzir alterações positivas na linha de produção. As telecomunicações também utilizam esta tecnologia para melhorar os serviços que prestam aos seus clientes. A modelação da informação de construção nas telecomunicações cria novos serviços através da combinação de diferentes tecnologias. Relativamente à aplicação desta tecnologia nas telecomunicações, podemos referir a combinação de GSM, NFC, Bluetooth de baixa potência, WLAN, GPS e WSNs com a tecnologia de cartões SIM. Nesta tecnologia, diferentes informações podem ser partilhadas com outros dispositivos com a ajuda de um cartão SIM. Uma das aplicações mais importantes do BUILDING INFORMATION MODELING é a criação de casas inteligentes. Atualmente, muitas pessoas tornar a sua casa inteligente para poderem beneficiar das suas vantagens. Nas casas inteligentes, os dispositivos electrónicos estão ligados entre si com a ajuda da informação do edifício, pelo que será mais fácil geri-los. Por , nas casas inteligentes, as luzes podem ser ligadas e desligadas remotamente utilizando as informações do edifício. Além disso, o sistema de aquecimento, o sistema de arrefecimento, o contador de gás, o contador de água, o sistema de irrigação, o sistema de ventilação, etc., também podem ser controlados à distância. Hoje em dia, a utilização desta tecnologia expandiu-se a tal ponto que muitas pessoas a utilizam durante o dia. utilizam Por exemplo, a maioria das pessoas na sociedade atual utiliza dispositivos electrónicos e inteligentes, como telemóveis, tablets, computadores, etc. A utilização destes aparelhos é tão grande que se tornou uma parte inseparável da vida quotidiana das pessoas. Assim, a maioria das pessoas não consegue sair de casa sem levar o seu telemóvel. A primeira e mais importante caraterística da modelação da informação do edifício é a ligação à informação do edifício e a transferência de informação. Por esta razão, qualquer dispositivo ou objeto que tenha estas duas caraterísticas é considerado como MODELAGEM DA INFORMAÇÃO DO EDIFÍCIO. Computadores pessoais, como computadores portáteis, computadores, smartphones, relógios inteligentes, etc., utilizam esta tecnologia. A tecnologia, juntamente com a inteligência artificial, a aprendizagem automática e o espaço na nuvem, é um dos elementos importantes das tecnologias avançadas ou da chamada alta tecnologia. Mesmo agora, utilizamos muito a aprendizagem automática na nossa vida quotidiana. Muitas redes virtuais, como o Facebook, a Amazon, a Netflix, etc., utilizam sistemas baseados na inteligência artificial. Todos estes sistemas tentam utilizar a aprendizagem automática para criar uma melhor experiência para nós, compreendendo os nossos interesses. A utilização da tecnologia BUILDING INFORMATION MODELING, juntamente com a inteligência artificial no domínio da informática, permitiu às empresas criar uma melhor experiência para os seus clientes. Atualmente, a utilização de informação de Comportamentos tornou-se uma ferramenta prática para melhorar a eficiência dos serviços. Assim, quanto mais eficientes forem os serviços, mais pessoas os utilizam. A IOB pode não só aumentar a qualidade do serviço de uma organização, mas também alterar a cadeia de valor do produto ou serviço. De facto, a construção de informação de Comportamentos refere-se à análise de dados recolhidos do comportamento das pessoas com a ajuda da construção de informação. Ao analisar estes dados, o utilizador tenta utilizá-los da melhor forma. Os dados comportamentais são recolhidos através de tecnologias vestíveis, das actividades online dos utilizadores e de aparelhos eléctricos e domésticos e analisados com base na psicologia comportamental. Estas análises podem fornecer informações úteis sobre o comportamento, a ética e os interesses dos utilizadores. Muitas redes sociais, como o Instagram, o Facebook, o YouTube, etc., utilizam esta tecnologia para melhorar a experiência dos seus utilizadores. Como se pode ver nestas redes, uma série de publicações e vídeos serão mostrados a cada pessoa de acordo com o seu histórico de pesquisa. Muitas empresas utilizam esta tecnologia para novas abordagens de desenvolvimento da experiência do utilizador, otimização da experiência de pesquisa, publicidade eficaz, etc. Devido à natureza evolutiva dos dispositivos de modelação da informação de edifícios e à grande variedade de sensores, não existe uma arquitetura única para os projectos de modelação da informação de edifícios. No entanto, alguns blocos de construção são normalmente utilizados na maioria dos projectos de modelação da informação de edifícios. Na implementação de uma tecnologia de modelação da informação de edifícios, deve ser concebida, numa primeira fase, uma arquitetura escalável e expansível. A estrutura e o volume de dados recolhidos nesta tecnologia irão mudar ao longo do tempo, pelo que será necessária uma plataforma que suporte este elevado volume de dados ao longo do tempo. A fiabilidade do sistema é também muito importante. A falha de um sistema tecnológico pode levar à interrupção de um processo ou mesmo ao fim de uma indústria. Por último, é necessário um sistema que seja suficientemente flexível para se adaptar a mudanças rápidas e frequentes. medida que a arquitetura da modelação da informação do edifício evolui ou as necessidades da empresa se alteram, o sistema tem de recuperar rapidamente. Em qualquer sistema de modelação da informação sobre edifícios, as camadas centrais são sempre constantes. Desde a primeira investigação sobre modelação da informação sobre edifícios, a arquitetura de três camadas tem sido o modelo dominante para as aplicações de modelação da informação sobre edifícios. Estas três camadas são a Perceção (ou Dispositivos), a Rede e a Aplicação. Perceção: Os sensores estão localizados nesta camada e os dados são medidos a partir desta secção. Os dados podem ser recolhidos a partir de qualquer número de sensores no dispositivo ligado. Os actuadores que operam no seu ambiente também estão localizados nesta camada da arquitetura de modelação da informação do edifício. Rede: A camada de rede determina a forma como grandes volumes de dados circulam pelo sistema. Esta camada liga diferentes dispositivos e envia dados para os serviços back-end adequados. Aplicação: A camada de aplicação é o que os utilizadores vêem. Esta camada pode ser uma aplicação para controlar um dispositivo numa casa inteligente ou um sistema de monitorização que mostra o estado dos dispositivos que fazem parte de um sistema. A modelação da informação de edifícios é heterogénea, o que significa que existe uma variedade de dispositivos, protocolos e aplicações inteligentes num sistema de edifícios. Estão envolvidos objectos comuns. Diferentes projectos e casos de utilização exigem diferentes tipos de dispositivos e protocolos. Por exemplo, uma rede de modelação de informação de edifícios utilizada para recolher dados meteorológicos numa área requer diferentes tipos de sensores e um grande número . Apesar deste número de sensores, os dispositivos devem ser leves e eficientes em termos energéticos, caso contrário a energia necessária para a transmissão de dados será demasiado elevada. Neste exemplo, o baixo consumo de energia é a principal prioridade, seguido da segurança e da velocidade de transferência de dados. Os dispositivos de modelação da informação do edifício devem poder ligar-se à informação do edifício através de uma ligação com ou sem fios. A conetividade é essencial para a modelação da informação do edifício (Building information modeling) porque permite que os dispositivos de modelação da informação do edifício comuniquem entre si e com um servidor central ou uma plataforma na nuvem. Várias tecnologias e protocolos, incluindo Wi-Fi, Bluetooth e redes celulares, permitem a conetividade dos dispositivos de modelação da informação da construção. A escolha da tecnologia depende de factores como a localização do dispositivo, o consumo de energia e a velocidade de transferência de dados necessária. Por , um sistema de irrigação inteligente situado numa quinta num local remoto utiliza provavelmente uma rede celular para se ligar às informações do edifício porque não tem acesso a uma rede Wi-Fi. Os dispositivos de modelação da informação sobre edifícios devem ter sensores que possam recolher dados como a temperatura, a humidade, o movimento, o som, etc., do seu ambiente. Estes dados são depois utilizados para realizar operações ou fornecer informações ao utilizador. Os sensores podem ser integrados no dispositivo ou ligados através de dispositivos externos, como um módulo de sensor ou um hub inteligente. Por , um sistema de irrigação inteligente pode utilizar dados de sensores meteorológicos para determinar a quantidade de água ideal a utilizar num relvado. Uma câmara de segurança inteligente utiliza o reconhecimento facial para determinar se a pessoa que entra em casa é um utilizador autorizado. Os dispositivos de modelação da informação de edifícios devem ser capazes de processar e analisar os dados que recolhem e tomar decisões com base nos . Isto pode ser feito através de software integrado ou através do envio de dados para um servidor central para processamento, pelo que a inteligência é um requisito essencial para a modelação da informação do edifício (Building information modeling). As casas inteligentes são conhecidas como um novo símbolo de conforto, segurança e beleza no mundo moderno de hoje. Com a expansão das cidades e da vida automóvel, a maioria de nós também passa mais tempo em casa; por esta razão, transformar a casa num local inteligente com várias facilidades tornou-se muito importante, e a modelação da informação de construção na casa inteligente é o que pode responder às nossas necessidades. Trata-se de um conceito básico. A modelação da informação do edifício (Building information modeling) é uma tecnologia que permite que vários objectos se liguem à informação do edifício e troquem dados entre si e com outros sistemas. Estes objectos podem incluir uma vasta gama de ferramentas, desde electrodomésticos a dispositivos médicos e transportes. De facto, a modelação da informação do edifício constitui uma rede de objectos físicos equipados com diferentes tecnologias, como sensores, software avançado e comunicações sem fios, e que podem comunicar entre si através da informação do edifício. Nos últimos anos, a modelação da informação de edifícios tornou-se uma das tecnologias globais mais importantes e influentes, estimando-se que, até 2025, mais de 22 mil milhões de dispositivos diferentes estarão ligados a ela em todo o mundo. A modelação da informação do edifício na casa inteligente é como a espinha dorsal do corpo, de todos os dispositivos e liga os sensores entre si e ao sistema de controlo central. Estes sensores recolhem informações ambientais, como a temperatura, a humidade, a luz e as informações dos dispositivos domésticos, e enviam-nas para o sistema de inteligência artificial e para o software da casa inteligente. Nos passos seguintes, estes dados são utilizados para controlar dispositivos, melhorar a segurança, poupar energia e proporcionar uma melhor experiência de vida em casa. Primeiro passo: os sensores da casa inteligente recolhem informações ambientais, como temperatura, humidade, luz, movimento, segurança, etc., e enviam-nas continuamente para o sistema central com capacidade para analisar e processar dados. O sistema central inclui normalmente um servidor ou uma plataforma de software que, tal como o cérebro, é responsável por receber informações, processar e dar comandos. Segundo passo: O sistema central analisa os dados e extrai as informações desejadas. Esta informação pode incluir as condições ambientais, como a temperatura e o movimento, ou o estado dos dispositivos domésticos, como os sistemas de aquecimento e refrigeração ou mesmo os sistemas de segurança. A terceira fase: inclui a decisão do sistema central e o envio dos comandos necessários de acordo com as informações recebidas. Por , se a temperatura casa for demasiado elevada, o sistema pode ligar o ar condicionado, ou se for detectado movimento, o sistema pode enviar um alarme ou ativar as câmaras. Um dos pontos fortes da utilização da modelação da informação de construção em edifícios inteligentes. A modelação da informação de edifícios é a capacidade de controlar dispositivos remotamente, o que pode incluir ligar e desligar luzes, ajustar a temperatura, controlar dispositivos electrónicos e muito mais. Além disso, a modelação da informação do edifício na casa inteligente comunica entre todos os dispositivos e, de acordo com o processo mencionado, assume a gestão da casa. Como , a modelação da informação do edifício é uma rede de dispositivos domésticos ou industriais ligados à informação do edifício que pode recolher vários dados e processar e tomar decisões. As casas inteligentes utilizam a modelação da informação do edifício para controlar e monitorizar os electrodomésticos, a iluminação, a segurança e outros sistemas domésticos. Ao utilizar a modelação da informação do edifício, os residentes podem controlar as suas casas à distância e usufruir dos vários benefícios da sua utilização em casa, como o conforto, a segurança e a poupança de energia. De seguida, vamos saber mais sobre a utilização da tecnologia nas casas inteligentes: Recolha de dados: Numa casa inteligente equipada com tecnologia, são recolhidas várias informações ambientais através de vários sensores e dispositivos. Estes sensores podem incluir sensores de temperatura, humidade, luz, movimento, segurança e muitos outros que recebem informações do ambiente de forma contínua e programada. Controlo remoto de aparelhos domésticos: Utilizando a modelação da informação do edifício, os residentes podem controlar remotamente os seus aparelhos domésticos, como luzes, sistemas de aquecimento e refrigeração, televisão, etc. Esta aplicação pode ser muito útil para pessoas que trabalham fora de casa ou que viajam muito. Tomada de decisões e controlo: O sistema central de modelação da informação de construção da casa inteligente toma decisões inteligentes com base na informação recebida. Por , se a temperatura da casa subir demasiado, o sistema pode ligar o ar condicionado. Monitorização da segurança: A modelação da informação do edifício pode ser muito útil para a monitorização da segurança da casa inteligente. Por exemplo, as câmaras de segurança ligadas às informações do edifício podem ser utilizadas para monitorizar as entradas e saídas da casa, ou os sensores de movimento podem ser utilizados para identificar pessoas desconhecidas casa. Poupança de energia: Uma das aplicações importantes da modelação da informação do edifício no edifício inteligente é a possibilidade de poupar energia. Por exemplo, os sensores de luz podem ser utilizados para desligar as luzes quando não há pessoas na divisão. Além disso, com a ajuda do sistema central de modelação da informação do edifício, é possível utilizar horários para ligar e desligar os electrodomésticos a horas específicas. No entanto, a utilização da modelação da informação do edifício em casas inteligentes ainda está em desenvolvimento e, sem dúvida, no futuro, veremos novas e mais inovadoras aplicações desta tecnologia. Seremos a tecnologia. Embora a modelação da informação de edifícios em ambientes industriais tenha trazido muitos benefícios aos proprietários de empresas, as casas inteligentes também podem beneficiar das muitas vantagens desta tecnologia. Algumas das vantagens mais importantes da modelação da informação de construção na casa inteligente incluem o seguinte: Conveniência: A modelação da informação do edifício pode tornar a casa mais conveniente para os residentes, proporcionando o controlo remoto dos aparelhos domésticos e o ajuste automático das condições ambientais. Segurança: Tal como referimos, a modelação da informação de edifícios pode melhorar a segurança da casa através da monitorização automática de câmaras e sensores e do controlo do ambiente. Poupança de energia: A modelação da informação do edifício pode ajudar a poupar energia em casa através do controlo automático ou programado dos aparelhos eléctricos da casa. Expansibilidade e flexibilidade: Outra vantagem da modelação da informação de edifícios para a casa inteligente é a facilidade de adicionar novos dispositivos ao sistema e atualizar a casa com os aparelhos e tecnologias mais recentes, de acordo com as necessidades do dia. Melhorar a saúde: Além disso, a modelação da informação de construção na casa inteligente também pode ser utilizada para melhorar a qualidade de vida das pessoas na casa. Por exemplo, esta tecnologia pode ser utilizada para monitorizar a saúde dos idosos ou das pessoas com deficiência. Com o avanço da tecnologia, a modelação da informação da construção tornar-se-á em breve uma tecnologia mais poderosa e omnipresente. Isto levará ao desenvolvimento de novas e mais inovadoras aplicações de modelação da informação da construção em casas inteligentes e trará mais benefícios aos utilizadores. As casas inteligentes equipadas com a tecnologia de modelação da informação de edifícios podem ser altamente seguras, mas continuam a existir riscos de segurança inevitáveis. É necessário prestar atenção a esses riscos. Em geral, o ciberespaço é vulnerável a ameaças cibernéticas, como ataques de piratas informáticos ou esquemas de phishing. Por exemplo, os piratas informáticos podem entrar na sua rede doméstica e aceder aos seus dispositivos. Esse trabalho pode levar ao roubo de informações pessoais, à sabotagem ou ao controlo dos seus dispositivos. Por isso, é melhor evitar esses problemas seguindo dicas de segurança como a escolha de fortes, a utilização de uma firewall, a atualização constante do software e a prevenção do acesso de pessoas não autorizadas à rede. e minimizou as ameaças cibernéticas. Neste artigo, apresentámos e explicámos os benefícios e as aplicações da tecnologia (Building information modeling) em casas inteligentes. Como mencionado, a modelação da informação do edifício na casa inteligente oferece a possibilidade de ligar vários objectos à informação do edifício e a possibilidade de trocar dados entre eles remotamente. Esta tecnologia ajuda os membros da família a otimizar a gestão da energia, a aumentar a segurança da casa, o conforto do utilizador, o controlo dos dispositivos, a otimizar a gestão dos recursos e a melhorar a experiência de vida, trazendo muitos benefícios. No entanto, a tecnologia da casa inteligente e a modelação da informação do edifício são ambas novas e têm muito espaço para melhorias. Talvez num futuro não muito distante, veremos mais serviços e aplicações que transformarão completamente a vida das pessoas. O que se entende por tecnologia? Talvez o melhor exemplo que pode ser dado para a modelação da informação de construção seja a "casa inteligente". Numa casa inteligente, os dispositivos físicos ligam "coisas" e pessoas entre si e partilham dados. A modelação da informação do edifício torna os dispositivos do dia a dia mais "inteligentes" e permite-lhes enviar dados sobre a informação do edifício e comunicar com pessoas e outros dispositivos equipados com modelação da informação do edifício. De facto, a modelação da informação do edifício é um sistema constituído por dispositivos informáticos, mecânicos, digitais, objectos, animais ou pessoas, a cada um dos quais são atribuídos identificadores especiais ou sensores especiais e que podem estar numa rede sem necessidade de transmitir dados para interações humanas. Tecnologia: Atualmente, a tecnologia é utilizada em diferentes sectores da indústria e do comércio. A aplicação da modelação da informação da construção ajuda muitos sectores comerciais e industriais e pode melhorar o seu desempenho de muitas maneiras. Um objeto na modelação da informação de edifícios pode ser uma pessoa que tem um implante cardíaco (tecnologia na medicina) que monitoriza a função do seu coração. Por outro lado, o objeto na modelação da informação de edifícios pode ser um animal na quinta (a aplicação da modelação da informação de edifícios na criação de gado) que tem um dispositivo recetor de biochip. Este objeto também pode ser um dispositivo de um carro que tem sensores incorporados, e estes sensores podem detetar quando a pressão dos pneus do carro está baixa. É baixa para avisar o condutor do automóvel. Modelação da informação na construção no mundo Desde quadros inteligentes nas salas de aula a dispositivos médicos capazes de detetar os sintomas da doença de Parkinson, a modelação da informação na construção está rapidamente a tornar o mundo mais inteligente, ligando-o física e digitalmente. É necessário compreender corretamente como funciona a modelação da informação da construção. Conheça os componentes da modelação da informação de edifícios e saiba como funcionam os componentes que a compõem. A modelação da informação de edifícios consiste em dispositivos inteligentes que utilizam as instalações de informação de edifícios a partir de sistemas incorporados, como processadores, sensores e hardware de comunicação. Os dispositivos de modelação da informação do edifício podem partilhar os dados dos sensores que recolhem através da comunicação com um dos gateways de modelação da informação do edifício ou outros dispositivos periféricos. Os dados são então enviados para uma nuvem para serem analisados. Por vezes, estes dispositivos inteligentes comunicam com outros dispositivos relacionados no sistema de modelação da informação de edifícios e efectuam as suas operações de acordo com as informações que recebem uns dos outros. Um dos equipamentos necessários para criar um sistema tecnológico são processadores baratos e eficientes do ponto de vista energético. Embora a ideia de tornar o mundo mais inteligente através da modelação da informação de construção não seja nova, na altura já existiam processadores deste tipo, mas a sua vida útil era muito curta. Com estes processadores, vários milhares de dispositivos podem ser ligados entre si num sistema de modelação da informação de edifícios. Em média, cada pessoa passa cerca de 85% da sua vida em edifícios de escritórios, escolas, hospitais e casas. Além disso, os edifícios são um dos maiores sectores no custo de capital das empresas. Por isso, não é de admirar que os proprietários e gestores de imóveis estejam constantemente à procura de novas formas de tornar os edifícios mais eficientes, sustentáveis, seguros e confortáveis. A modelação da informação de edifícios oferece soluções inteligentes que são consideradas uma revolução na automatização dos edifícios e dos sistemas de gestão. Os edifícios inteligentes utilizam tecnologia de comunicação sem fios omnipresente, sensores e tecnologias de modelação da informação de edifícios para comunicar e analisar informações. Estes elementos são também utilizados para controlar e otimizar os sistemas de gestão dos edifícios. A modelação da informação do edifício é utilizada para a automatização do controlo de acesso, dos sistemas de segurança, da iluminação, dos sistemas de climatização (aquecimento, filtragem e ar condicionado), etc. Também oferece maior eficiência, segurança e comodidade, ao mesmo tempo que permite reduzir os custos, o que é um dos objectivos mais importantes dos proprietários, gestores e inquilinos. Nos edifícios de escritórios inteligentes, o seu dispositivo móvel é a chave. Por exemplo, um software de edifício inteligente no seu dispositivo móvel pode abrir-lhe a porta do parque de estacionamento. Pode também indicar-lhe o caminho para a sala de conferências ou para o gabinete dos seus colegas. Se se esqueceu de desligar as luzes do seu escritório, pode ajustá-las à distância e desligar o sistema de aquecimento com um simples toque no ecrã do seu telemóvel. No mundo tecnológico atual, a informação é de grande valor e o conforto reina para as pessoas! Os edifícios inteligentes oferecem inúmeras oportunidades de conveniência e de da vida, e cada uma delas cria novas condições para os construtores e gestores de edifícios. Os planos de rentabilização flexíveis permitem a todos os parceiros do ecossistema extrair valor das soluções de modelação da informação de edifícios. No entanto, a personalização é feita à medida das necessidades e do orçamento de cada utilizador ou inquilino. A modelação da informação de edifícios ou Building information modeling é, desde há vários anos, um dos temas mais interessantes no domínio da comunicação. A modelação da informação do edifício é uma enorme rede de componentes interligados. Ao utilizar a intranet das coisas, forma-se uma comunicação interna entre os membros de pequenas redes. Devido às condições especiais que cada uma destas pequenas redes tem, não podem comunicar entre si. A criação de uma norma e de um protocolo únicos para estabelecer estas comunicações levou à formação da modelação da informação do edifício (Building information modeling). A comunicação e as ligações nesta rede (Wikipédia) criam condições diferentes. A comunicação entre pessoas e objectos é feita através da modelação da informação do edifício. Por conseguinte, a modelação da informação do edifício pode ser definida como uma rede abrangente e vasta que está ligada segundo determinados princípios.

Os objectos e as pessoas podem ser ligados entre si de diferentes formas. Com a ajuda desta tecnologia atractiva, vários programas, dispositivos e objectos podem interagir com os seres humanos. Por exemplo, considere um frigorífico inteligente que informa a data de validade dos alimentos através da tecnologia de modelação da informação de construção. Trata-se de uma aplicação muito simples desta valiosa tecnologia. Esta aplicação, aparentemente simples, evita a deterioração e o desperdício de alimentos. O ecossistema de modelação da informação de edifícios é um conjunto de dispositivos inteligentes baseados na Web que recolhem, enviam e actuam sobre os dados utilizando processadores, sensores e hardware de comunicação incorporados. Os dados recebidos do ambiente são pagos. Estes dados são enviados para a nuvem para serem analisados por sensores, através de uma ligação a um gateway de modelação da informação do edifício ou a um dispositivo periférico, ou são analisados localmente pelo próprio processador. Por vezes, estes dispositivos comunicam com outros dispositivos relacionados e actuam com base nas informações que recebem uns dos outros. Os dispositivos ligados à tecnologia de modelação da informação da construção podem efetuar a maior parte do trabalho sem necessidade de intervenção humana. Naturalmente, as pessoas também podem interagir com os dispositivos. Por exemplo, podem configurá-los e dar-lhes comandos. Naturalmente, é de notar que os protocolos de ligação, rede e comunicação utilizados com este tipo de dispositivos baseados na Web dependem principalmente das aplicações específicas de modelação da informação da construção. Quando diferentes objectos estão ligados à informação sobre edifícios, podem enviar informações diferentes e ou receber ou mesmo fazer duas coisas ao mesmo . Esta capacidade faz com que as coisas se tornem inteligentes, e esta inteligência é a caraterística que a humanidade atualmente. Mas pode surgir a pergunta: qual é o benefício da inteligencialização das coisas para os seres humanos? Para compreender melhor a modelação da informação da construção, é necessário prestar mais atenção aos desenvolvimentos do passado. Os seres humanos sempre quiseram ter um maior controlo sobre os objectos e dispositivos para a comodidade da vida. Este entusiasmo levou especialistas e cientistas a pensar em resolver esta necessidade. Em diferentes, foram feitos muitos esforços para inventar um método adequado para satisfazer esta necessidade. Todos os dias, a vida tornou-se mais fácil para os seres humanos com mais meios de vida. O número destes dispositivos, ferramentas e objectos aumentava todos os dias. Com mais objectos, a vida tornou-se mais fácil, mas a gestão desses objectos era também uma questão importante. Nos últimos anos, cientistas e especialistas aperceberam-se deste facto. Foram realizadas investigações que estimaram que, em anos não muito distantes, o número destes objectos será superior a milhares de milhões. Este tema levou algumas pessoas a pensar em controlar e monitorizar este volume de objectos. O principal objetivo era, é e será o conforto e a comodidade para os seres humanos. No entanto, estudos demonstraram que, num futuro não muito distante, deixará de haver conforto. É verdade que os dispositivos e as ferramentas reduzem os problemas, mas uma grande quantidade deles é um problema. Finalmente, tendo em conta estes factores, chegaram a resultados significativos. Perceberam que, para além dos dispositivos que são produzidos e existem, a inteligência também deve ser considerada. Certamente, um objeto ativo terá mais utilizações. Esta ideia de dotar as coisas de inteligência foi proposta nos anos 80 e 90, tendo sido feitos muitos esforços para controlar à distância os aparelhos eléctricos. Os especialistas tinham feito grandes progressos, mas devido a limitações, não conseguiam ter um controlo suficiente sobre os objectos. Uma das limitações mais importantes era a limitação da comunicação. Simultaneamente a estes acontecimentos, vários cientistas estavam a pensar numa solução para facilitar a comunicação entre humanos. Finalmente, em 1989, deu-se uma grande revolução no domínio da comunicação. a informação sobre edifícios. Uma rede cujo principal objetivo era a transmissão e a comunicação em todo o mundo. Um conjunto de computadores que estão ligados e trocam informações. Nos primeiros anos em que a informação de construção foi criada, o principal objetivo era facilitar a comunicação apenas para os seres humanos. A maioria das pessoas e dos activistas tecnológicos recebeu bem a informação sobre edifícios. Ao analisar estes dados, os especialistas em tecnologia tiveram a ideia de utilizar esta tecnologia atraente em diferentes sectores. Poucas pessoas pensaram em utilizar esta tecnologia fascinante para resolver o problema da comunicação entre dispositivos. No entanto, um número limitado de especialistas em tecnologia estava a realizar experiências. Em 1993, dois dos mesmos especialistas, Martin Johnson e Daniel Gordon, realizaram uma experiência. Ligaram uma câmara à informação do edifício para controlar. Este foi o início da modelação da informação sobre edifícios (Building information modeling). Mas em 1999, um cientista chamado Kevin Ashton utilizou pela primeira vez este conceito, a modelação da informação de edifícios. Esta pessoa, na sua empresa, ligou todas as coisas à informação sobre edifícios. Ashton afirmou que qualquer coisa no mundo pode ter uma identidade digital para si própria. Todos os objectos podem facilitar a vida dos seres humanos, enviando, recebendo e analisando informações. Assim, Ashton foi considerado o pai da modelação da informação de construção. A modelação da informação da construção (Building information modeling) tornou a vida mais fácil e mais agradável para os seres humanos. O sector da saúde é um dos casos em que a modelação da informação na construção pode resolver muitos problemas. Utilizando a tecnologia de modelação da informação da construção, os dados circulam entre diferentes equipamentos através da informação da construção. Muitos dos problemas que existem no sector médico são causados pela falta de integridade da informação. O impacto da modelação da informação de edifícios no sector da saúde não se limita apenas a alguns casos específicos. Um dos grandes problemas nos hospitais são as salas de espera. Os doentes têm menos paciência devido ao seu estado de saúde. Algumas coisas são difíceis para eles, como longas esperas nos corredores e noutras partes do hospital. Com o advento da modelação da informação de construção, a informação é anunciada ao doente em tempo real. O doente sabe exatamente o que tem de fazer nos próximos minutos. Trata-se de uma questão simples, mas muito importante para os doentes: os quartos de hospital podem ter estes painéis de controlo digitais. Estes painéis apresentam as informações necessárias. A ansiedade e o stress são factores que tornam o processo de tratamento longo e difícil. Ao mostrar esta informação no painel de controlo, os doentes são informados sobre uma série de questões. O doente pode utilizar o painel de controlo digital para saber a localização geográfica dos enfermeiros. A utilidade destas ferramentas não se limita apenas à monitorização da informação. A construção da modelação da informação ajuda os doentes a fazerem eles próprios parte do processo de cuidados. Depois de o doente ter alta do hospital, o trabalho de prestação de cuidados pode ser deixado para o doente. As instruções de cuidados podem ser fornecidas ao doente através de uma aplicação móvel. As aplicações podem fornecer ainda mais funcionalidades aos doentes. Utilizando estes programas, o doente pode ser visitado à distância. Lembrar os medicamentos e fornecer uma dieta adequada são outras utilizações destes programas. Muitos doentes têm doenças que podem ser tratadas em casa, mas necessitam de equipamento. Não é possível transferir equipamento hospitalar para casa, pelo que estas pessoas são inevitavelmente tratadas no hospital. De facto, as suas condições não são de molde a necessitarem de cuidados de enfermagem, apenas um simples aparelho pode fazer. Para resolver este problema, a Technologytools veio ajudar. Muito simplesmente, quando uma pessoa está cama de hospital, isso significa que ocupou uma capacidade. Muitas pessoas podem ser tratadas em casa com estas ferramentas de modelação da informação de construção. Estas ferramentas ajudam a evitar a aglomeração de pessoas nos hospitais. O pessoal médico pode monitorizar o estado do doente em linha com a ajuda deste equipamento. Os sensores de modelação da informação do edifício podem ser utilizados para uma monitorização mais precisa dos idosos. Muitos dispositivos portáteis podem ajudar os médicos a tornar o processo de monitorização mais inteligente. Os telemóveis inteligentes e as pulseiras electrónicas são uma dessas ferramentas. Até mesmo sensores especiais podem ser utilizados para monitorizar as actividades dos idosos. Com a ajuda destes sensores, os problemas relacionados com a prestação de cuidados aos idosos devem ser reduzidos em grande medida. Atualmente, muitos idosos não têm a possibilidade de viver de forma independente. Atualmente, muitos idosos não têm a possibilidade de viver de forma autónoma e, para evitar mais problemas, muitas vezes têm de ir para um lar de idosos. Atualmente, muitas pessoas idosas não têm a possibilidade de viver de forma autónoma, mas, com a ajuda da modelação da informação de construção, podem continuar a viver de forma autónoma. O número destes sensores e ferramentas está a aumentar todos os dias para facilitar a vida dos idosos. Por exemplo, foram produzidas ferramentas muito boas para pessoas que têm limitações visuais e de movimento. De acordo com as estatísticas, um grande número de idosos é hospitalizado todos os anos. De acordo com a análise dos dados, a maioria dos casos está relacionada com o desequilíbrio dos idosos. Devido à fraqueza física, este problema é muito comum entre os idosos. Foram criados vários sensores e ferramentas para resolver este problema. Muitos destes sensores detectam determinadas condições, como a perda de equilíbrio. Muitos problemas podem ser resolvidos muito rapidamente através de um diagnóstico atempado e da informação da pessoa ou das crianças. Os investigadores conceberam mesmo um dispositivo para vestir para resolver este problema. Este dispositivo funciona através da análise dos padrões de marcha e das condições de desequilíbrio. Desta forma, com os dados que possui, pode até prever e alertar para a possibilidade de cair ao chão. Mas a Modelação da Informação da Construção também tem soluções para resolver estes problemas. As ferramentas e os equipamentos de modelação da informação da construção para uso dos idosos incluem comandos de voz para comunicar. Por exemplo, estes dispositivos também podem informar o percurso e a hora do encontro. Uma das principais razões para utilizar a modelação da informação de edifícios no sector da energia é a gestão eficaz da energia. As estatísticas mostram que o consumo de energia aumentará 40% nos próximos anos. A modelação da informação de edifícios terá soluções adequadas para este efeito. Existem muitos aparelhos e dispositivos que podem ser ligados à informação sobre edifícios. Estes equipamentos podem ser ligados às empresas de distribuição de eletricidade. A vantagem mais importante que esta ligação em linha cria é a gestão inteligente da produção e do consumo de energia. Com a inteligência da rede eléctrica, as empresas de distribuição podem evitar cortes de energia devido ao consumo excessivo. A conetividade em linha não se limita ao equipamento interior. Os contadores podem desempenhar um papel eficaz na gestão do consumo utilizando a modelação da informação de edifícios. As políticas de incentivo podem ser aplicadas com os dados obtidos a partir dos contadores inteligentes. A modelação da informação de edifícios tem muitas vantagens e aplicações no sector da energia. Algumas das mais importantes são apresentadas de seguida. As soluções de modelação da informação de edifícios ajudam as pessoas e as organizações a reduzir os seus custos. O pagamento de custos adicionais pode ser evitado através de uma gestão cuidadosa do consumo. Muitos equipamentos de transmissão e distribuição de eletricidade estão localizados em áreas diferentes e longe das cidades. Na ausência da modelação da informação de edifícios, os técnicos tinham de ser enviados para a zona em caso de problemas. Com o advento da modelação da informação de edifícios e a inteligência de todos os equipamentos, muitos problemas podem ser resolvidos remotamente. A investigação de muitos problemas que ocorrem no sector da eletricidade exige custos muito elevados. Após a inteligência de todas estas redes, a monitorização será muito mais fácil e precisa. Uma das partes mais importantes em qualquer indústria é a parte da segurança. Todos os anos, um grande número de pessoas morre em acidentes com a rede eléctrica. Estes incidentes infelizes podem ser evitados através da utilização da tecnologia de modelação da informação de edifícios. Por exemplo, podem ser instalados sensores em locais perigosos para emitir um alarme quando pessoas comuns se aproximam. Naturalmente, este exemplo é a utilização mais simples dos sensores de modelação da informação de edifícios. Em muitos pontos críticos e importantes, pode ser utilizado equipamento de modelação da informação do edifício. Em muitos casos, as centrais eléctricas funcionam sem parar para que a rede não se desligue. Além disso, o consumo pode ser baixo em alguns dias do ano. Mas as centrais eléctricas estão continuamente a fornecer energia porque não sabem a quantidade exacta do consumo das pessoas. Com a inteligência da rede eléctrica, se necessário, a eletricidade pode até ser exportada para os países vizinhos a qualquer momento. Além disso, quando o consumo é muito elevado, a eletricidade pode ser fornecida por outros países. A extração e o transporte na indústria do petróleo e do gás estão sempre associados a vários desafios. Por esta e muitas outras razões, estas empresas estão à procura de soluções adequadas. Tal como foi dito na indústria da eletricidade, a monitorização é uma das questões importantes. A monitorização na indústria do petróleo e do gás é feita com recurso a vários sensores. Estes sensores e equipamentos podem evitar muitos problemas. Um dos desafios mais prementes desta indústria são as questões ambientais. Graças a estes sensores, é possível evitar danos no ambiente. A agricultura tem sido importante para os seres humanos desde o início. Todos os dias, devido ao aumento da população, é necessário prestar atenção ao fornecimento de alimentos. Devido às limitações de recursos e a esta necessidade crescente, a utilização de sistemas de comunicação é útil. A comunicação que a modelação da informação de construção cria tem também um impacto na agricultura. A modelação da informação de construção optimiza o sistema agrícola. A agricultura inteligente tornou-se muito importante atualmente. Os dados recolhidos por sensores na agricultura ajudam a indústria a progredir. Ao analisar e rever estes dados, os proprietários deste sector podem tomar melhores decisões. A melhoria da qualidade dos produtos agrícolas, a redução do trabalho dos agricultores, a gestão inteligente dos produtos e a redução dos custos são alguns dos benefícios da inteligência agrícola. O número de aplicações no domínio da agricultura está a aumentar dia para dia. A maioria destas aplicações é produzida para satisfazer as necessidades dos agricultores. Estas aplicações permitem um melhor controlo dos recursos e das condições de plantação. Ao analisar a aplicação e os dados meteorológicos, o processo de irrigação é feito de forma mais eficiente. Normalmente, os dados são recolhidos por drones. Por fim, estes dados são transferidos para aplicações que ajudam os agricultores no processo de tomada de decisão. A modelação de informação de edifícios também pode brilhar na monitorização do ambiente. Com a utilização de sensores e ferramentas tecnológicas, é possível monitorizar grandes áreas geográficas. A caça ilegal é um dos problemas mais importantes no domínio do ambiente. Por exemplo, o som associado aos tiros pode ser detectado através de sensores. Podem também ser utilizadas câmaras especiais em determinadas zonas. As imagens destas câmaras estão disponíveis em linha para o Ministério do Ambiente. A utilização destes dois instrumentos permite identificar os caçadores ilegais e tomar as medidas necessárias.

REFERÊNCIAS

R. Allouzi, W. Al-Azhari, R. Allouzi, Construção convencional e impressão 3D: um estudo comparativo sobre o custo do material na Jordânia, J. Eng. 2020 (2020), https://doi.org/10.1155/2020/1424682.

M.O. Mydin, N.M. Sani, A.F. Phius, Investigação do desempenho do sistema de construção industrializado em comparação com o método de construção convencional, in:MATEC Web of Conferences, EDP Sciences, 2014 04001, https://doi.org/10.1051/matecconf/20141004001 vol. 10.

I. Hager, A. Golonka, R. Putanowicz, 3D printing of buildings and building components as the future of sustainable construction? Procedia Eng. 151 (2016)292– 299,https://doi.org/10.1016/j.proeng.2016.07.357.

T. Bock, The future of construction automation: technological disruption and the upcoming ubiquity of robotics, Autom. ConStruct. 59 (2015) 113-121,https://doi.org/10.1016/j.autcon.2015.07.022.

P. Wu, J. Wang, X. Wang, Uma análise crítica da utilização da impressão 3-D no sector da construção, Autom. ConStruct. 68 (2016) 21-31, https://doi.org/10.1016/j.autcon.2016.04.005.

D. Aghimien, C. Aigbavboa, L. Aghimien, W.D. Thwala, L. Ndlovu, Making a case for 3D printing for housing delivery in South Africa, Int. J. Hous. Mark. Anal.(2020),https://doi.org/10.1108/IJHMA-11-2019-0111.

J.J. Biernacki, J.W. Bullard, G. Sant, K. Brown, F.P. Glasser, S. Jones, T. Prater, Cements in the 21st century: challenges, perspectives, and opportunities, J. Am.Ceram. Soc. 100 (7) (2017) 2746-2773, https://doi.org/10.1111/jace.14948.

M. Sakin, Y.C. Kiroglu, Impressão 3D de edifícios: construção das casas sustentáveis do futuro por BIM, Energy Proc. 134 (2017) 702-711, https://doi.org/10.1016/j.egypro.2017.09.562.

K. Agarwal, A. Agarwal, G. Misra, Revisão e análise de desempenho em casa inteligente sem fio e automação residencial usando modelagem de informações de construção, em: 2019 Third InternationalConference on I-SMAC (Building information modeling in Social, Mobile, Analytics and Cloud) (I-SMAC), IEEE, 2019, dezembro, pp. 629-633, https://doi.org/10.1109/ISMAC47947.2019.9032629.

A.I. Shema, M. Kiessel, C. Atakara, Assessment of african vernacular built environment and power: the case of the walled city of zaria, Nigeria, J. Asian Afr.Stud. (2023)00219096231197742, https://doi.org/10.1177/00219096231197742.

A.I. Shema, Rethinking architecture and urban form in the context of power discourse: case study nicosia, north Cyprus, J. Asian Afr. Stud. 54 (8) (2019)1227- 1246,https://doi.org/10.1177/0021909619865570.

A.B.A. Rahman, W. Omar, Issues and challenges in the implementation of industrialised building systems in Malaysia, in: Proceedings of the 6th Asia-PacificStructural Engineering and Construction Conference (APSEC 2006), 2006, setembro, pp. 5-6.

C. Buchanan, L. Gardner, Metal 3D printing in construction: a review of methods, research, applications, opportunities and challenges, Eng. Struct. 180 (2019)332– 348,https://doi.org/10.1016/j.engstruct.2018.11.045.

S. Pessoa, A.S. Guimar˜aes, S.S. Lucas, N. Simoes, ˜ Impressão 3D na indústria da construção - Uma revisão sistemática do desempenho térmico em edifícios, Renew.Sustain. Energy Rev. 141 (2021) 110794, https://doi.org/10.1016/j.rser.2021.110794.

L. Zhou, D.J. Lowe, Economic challenges of sustainable construction, in: Proceedings of RICS COBRA Foundation Construction and Building ResearchConference, 2003, setembro, pp. 1-2.

B. Berman, 3-D printing. A nova revolução industrial, Bus. Horiz. 55 (2) (2012) 155-162, https://doi.org/10.1016/j.bushor.2011.11.003.

W. Ng, J. Tan, G. Wang, Opportunities and Challenges in China's 3D Printing Market, Ipsos Business Consulting, 2015 disponível em,www.ipsos.com/sites/default/files/ct/publication/documents/201809/opportunities_and_challeng es_in_chinas_3d_printing_market-may2015.pdf.

H. Dickinson, The next industrial revolution? O papel da administração pública no apoio ao governo para supervisionar as tecnologias de impressão 3D, Publ. Adm. Rev.78 (6) (2018) 922-925, https://doi.org/10.1111/puar.12988.

R. Singh, A. Gehlot, S.V. Akram, L.R. Gupta, M.K. Jena, C. Prakash, R. Kumar, fabrico em nuvem, fabrico assistido por tecnologia e tecnologia de impressão 3D: ferramentas fiáveis para a construção sustentável, Sustainability 13 (13)

(2021) 7327,https://doi.org/10.3390/su13137327.

J. Sun, Z. Peng, L. Yan, J.Y.H. Fuh, G.S. Hong, 3D food printing an innovative way of mass customization in food fabrication, International Journal ofBioprinting 1 (1) (2015), https://doi.org/10.18063/IJB.2015.01.006.

A. Kafle, E. Luis, R. Silwal, H.M. Pan, P.L. Shrestha, A.K. Bastola, 3D/4D Printing ofpolymers: fused deposition modelling (FDM), selective laser sintering (SLS), and stereolithography (SLA), Polymers 13 (18) (2021) 3101.

T. Dikova, Produção de coroas e pontes temporárias de alta qualidade por estereolitografia, Scripta Scientifica Medicinae Dentalis 5 (1) (2019) 33-38.

G. Ma, L. Wang, Y. Ju, Estado da arte da tecnologia de impressão 3D de material cimentício - uma técnica emergente para a construção, Sci. China Technol. Sci. 61(4) (2018) 475-495, https://doi.org/10.1007/s11431-016-9077-7.

[24] D. Zhang, B. Chi, B. Li, Z. Gao, Y. Du, J. Guo, J. Wei, Fabrication of highly conductive graphene flexible circuits by 3D printing, Synth. Met. 217 (2016) 79- 86,https://doi.org/10.1016/j.synthmet.2016.03.014.

A.I. Shema, M.K. Balarabe, M.T. Alfa, Eficiência energética em edifícios residenciais utilizando materiais compósitos de nano-madeira, Int. J. Civ. Eng. Technol. 9 (3) (2018)853-864.

D.D. Camacho, P. Clayton, W.J. O'Brien, C. Seepersad, M. Juenger, R. Ferron, S.Salamone, Applications of additive manufacturing in the constructionindustry- A forward-looking review, Autom. ConStruct. 89 (2018) 110-119, https://doi.org/10.1016/j.autcon.2017.12.031.

T. Rayna, L. Striukova, From rapid prototyping to home fabrication: how 3D printing is changing business model innovation, Technol. Forecast. Soc. Change102 (2016) 214-224, https://doi.org/10.1016/j.techfore.2015.07.023.

A. Al Rashid, S.A. Khan, S.G. Al-Ghamdi, M. Koç, Additive manufacturing: technology, applications, markets, and opportunities for the built environment,Autom. ConStruct. 118 (2020) 103268, https://doi.org/10.1016/j.autcon.2020.103268.

K. Singha, 7 Advantages of Using a 3D Printer in Construction Projects (2021). Disponível online: https://constructionreviewonline.com/2020/04/7-advantages-of-using-a-3d-printer-in- construction-projects/. (Acedido em 16 de fevereiro de 2022).

H. Yang, K. Zhu, M. Zhang, Análise e construção de plataforma de negociação de tecnologia e produtos de impressão 3D de construção, Math. Probl Eng. 2019(2019),https://doi.org/10.1155/2019/9507192.

A.I. Shema, H. Abdulmalik, Urban vertical farming as a path to healthy and sustainable urban built environment, A+ Arch Design International Journal ofArchitecture and Design 8 (1) (2022) 67-88.

A.K. Maier, L. Dezmirean, J. Will, P. Greil, Three-dimensional printing of flash-setting calcium aluminate cement, J. Mater. Sci. 46 (9) (2011) 2947-2954,https://doi.org/10.1007/s10853-010-5170-4.

E. Furlani, S. Maschio, M. Magnan, E. Aneggi, F. Andreatta, M. Lekka, L. Fedrizzi, Síntese e carateterização de geopolímeros contendo misturas de escória de aço não processada e metacaulim: o papel do tamanho das partículas de escória, Ceram. Int. 44 (5) (2018) 5226-5232, https://doi.org/10.1016/j.ceramint.2017.12.131.

M. Hossain, A. Zhumabekova, S.C. Paul, J.R. Kim, Uma revisão da impressão 3D na construção e o seu impacto no mercado de trabalho, Sustainability 12 (20) (2020)8492, https://doi.org/10.3390/su12208492.

Y.W.D. Tay, B. Panda, S.C. Paul, N.A. Noor Mohamed, M.J. Tan, K.F. Leong, tendências de impressão 3D no sector da construção civil: uma revisão, Virtual Phys.Prototyp. 12 (3) (2017) 261-276, https://doi.org/10.1080/17452759.2017.1326724.

S. El-Sayegh, L. Romdhane, S. Manjikian, Uma revisão crítica da impressão 3D na construção: benefícios, desafios e riscos, Arch. Civ. Mech. Eng. 20 (2) (2020)1- 25,https://doi.org/10.1007/s43452-020-00038-w.

D. Dobrev, A definition of artificial intelligence, arXiv preprint arXiv:1210.1568 (2012), https://doi.org/10.48550/arXiv.1210.1568.

S. Ruggieri, A. Cardellicchio, V. Leggieri, G. Uva, Machine-learning based vulnerability analysis of existing buildings, Autom. ConStruct. 132 (2021) 103936,https://doi.org/10.1016/j.autcon.2021.103936.

L. Bottou, From machine learning to machine reasoning, Mach. Learn. 94 (2) (2014) 133-149, https://doi.org/10.1007/s10994-013-5335-x.

I. El Naqa, M.J. Murphy, What is machine learning?, in: Machine Learning in Radiation Oncology Springer, Cham, 2015, pp. 3-11, https://doi.org/10.1007/978-3-319-18305-3_1.

T. Jiang, J.L. Gradus, A.J. Rosellini, Supervised machine learning: a brief primer, Behav. Ther. 51

(5) (2020) 675-687, https://doi.org/10.1016/j.beth.2020.05.002.
Y. Xu, Y. Zhou, P. Sekula, L. Ding, Machine learning in construction: from shallow to deep learning, Developments in the Built Environment 6 (2021) 100045,https://doi.org/10.1016/j.dibe.2021.100045.

R.H. Abiyev, M.K.S. Ma'aitaH, Redes neurais convolucionais profundas para deteção de doenças torácicas, Journal of healthcare engineering 2018 (2018), https://doi.org/10.1155/2018/4168538.

A. Helwan, R. Abiyev, Caraterísticas de forma e textura para a identificação do cancro da mama, Actas do congresso mundial de engenharia e ciências da computação 2 (2016, outubro) 19- 21.

D. Maulud, A.M. Abdulazeez, Uma revisão sobre regressão linear abrangente em aprendizado de máquina, Journal of Applied Science and Technology Trends 1 (4) (2020) 140-147.

H. Bhavsar, A. Ganatra, A comparative study of training algorithms for supervised machine learning, Int. J. Soft Comput. Eng. 2 (4) (2012) 2231-2307.

X. Xue, D. Chen, W. Liu, Aprendizagem semi-supervisionada baseada em classificador bayesiano ingênuo para correspondência de ontologias, em: 2021 17ª Conferência Internacional sobre Inteligência Computacional e Segurança (CIS), IEEE, 2021, novembro, pp. 162-167, https://doi.org/10.1109/CIS54983.2021.00042.

A. Jindal, N. Kumar, M. Singh, Um quadro unificado para a aquisição, armazenamento e análise de grandes volumes de dados para a gestão da resposta à procura em cidades inteligentes, FutureGenerat. Comput. Syst. 108 (2020) 921- 934, https://doi.org/10.1016/j.future.2018.02.039.

M. Babar, M.U. Tariq, M.A. Jan, Mecanismo de gestão do lado da procura seguro e resiliente utilizando a aprendizagem de máquinas para a construção de redes inteligentes habilitadas para modelação de informação, Sustain. Cities Soc.62 (2020) 102370, https://doi.org/10.1016/j.scs.2020.102370.

K. Taunk, S. De, S. Verma, A. Swetapadma, Uma breve revisão do algoritmo do vizinho mais próximo para aprendizado e classificação, em: Conferência Internacional de 2019 sobre Computação Inteligente e Sistemas de Controlo

(ICCS), IEEE, 2019, maio, pp. 1255-1260, https://doi.org/10.1109/ICCS45141.2019.9065747.

P. Cunningham, S.J. Delany, k-Nearest neighbour classifiers-A Tutorial, ACM Comput. Surv. 54

(6) (2021) 1-25, https://doi.org/10.1145/3459665.
M. Usama, J. Qadir, A. Raza, H. Arif, K.L.A. Yau, Y. Elkhatib, A. Al-Fuqaha,Aprendizagem automática não supervisionada para redes: técnicas, aplicações e desafios de investigação, IEEE Access 7 (2019) 65579-65615, https://doi.org/10.1109/ACCESS.2019.2916648.

R. Ebrahimpour, R. Rasoolinezhad, Z. Hajiabolhasani, M. Ebrahimi, Vanishing pointdetection in corridors: using Hough transform and K-means clustering, IETComput. Vis. 6 (1) (2012) 40-51, https://doi.org/10.1049/iet-cvi.2010.0046.

S. Karamizadeh, S.M. Abdullah, A.A. Manaf, M. Zamani, A. Hooman, Uma visão geral da análise de componentes principais, J. Signal Inf. Process. 4 (2020), https://doi.org/10.4236/jsip.2013.43B031.

L. Blakely, M.J. Reno, W.C. Feng, Agrupamento espetral para identificação da fase do cliente usando séries temporais de tensão AMI, em: 2019 IEEE Power and EnergyConference at Illinois (PECI), IEEE, 2019, fevereiro, pp. 1-7, https://doi.org/10.1109/PECI.2019.8698780.

M. Ahmadi, A. Taghavirashidizadeh, D. Javaheri, A. Masoumian, S.J. Ghoushchi, Y.Pourasad, DQRE-SCnet: uma nova abordagem híbrida para selecionar usuários de aprendizagem infederada com aprendizagem de reforço Q profundo baseada em agrupamento espetral, Journal of King Saud University-Computer and Information Sciences (2021), https://doi.org/10.1016/j.jksuci.2021.08.019.

N. Zhang, S. Ding, J. Zhang, Y. Xue, Uma visão geral sobre máquinas Boltzmann restritas, Neurocomputing 275 (2018) 1186-1199, https://doi.org/10.1016/j.neucom.2017.09.065.

X. Yang, P. Zhao, X. Zhang, J. Lin, W. Yu, Toward a Gaussian-mixture model-baseddetection scheme against data integrity attacks in the smart grid, IEEEBuilding Things J. 4 (1) (2016) 147- 161, https://doi.org/10.1109/JBUILDING INFORMATION MODELING.2016.2631520.

Y. Fenjiro, H. Benbrahim, Visão geral da aprendizagem por reforço profundo do estado da arte, Journal of Automation, Mobile Robotics and Intelligent Systems (2018) 20-39.

R. Nian, J. Liu, B. Huang, Uma revisão da aprendizagem por reforço: introdução e aplicações no controlo de processos industriais, Comput. Chem. Eng. 139 (2020)106886,https://doi.org/10.1016/j.compchemeng.2020.106886.

S. Raychaudhuri, Introdução à simulação de Monte Carlo, em: 2008 Winter Simulation Conference, IEEE, 2008, dezembro, pp. 91-100, https://doi.org/10.1109/WSC.2008.4736059.

M. Esmalifalak, L. Liu, N. Nguyen, R. Zheng, Z. Han, Detetar a injeção furtiva de dados falsos utilizando a aprendizagem automática na rede inteligente, IEEE Syst. J. 11 (3) (2014)1644-1652, https://doi.org/10.1109/JSYST.2014.2341597.

[63] D. Ye, M. Zhang, D. Sutanto, A hybrid multiagent framework with Q-learning for power grid systems restoration, IEEE Trans. Power Syst. 26 (4) (2011)2434- 2441,https://doi.org/10.1109/TPWRS.2011.2157180.

F. Khodadadi, A.V. Dastjerdi, R. Buyya, Tecnologia: uma visão geral, Technology(2016) 3-27, https://doi.org/10.1016/B978-0-12-805395-9.00001-0.

T. Li, L. Chen, Tecnologia: princípio, estrutura e aplicação, em: Future Wireless Networks and Information Systems, Springer, Berlin, Heidelberg,2012, pp. 477-482, https://doi.org/10.1007/978-3-642-27326-1_61.

K. Rose, S. Eldridge, L. Chapin, Building information modeling: an overview, Building information society (ISOC) 80 (2015) 1-50.

SKA Shah, W. Mahmood, automação residencial inteligente usando BUILDING INFORMATION MODELING e sua implementação de baixo custo, International Journal of Engineering and Manufacturing (IJEM) 10 (5) (2020) 28-36, https://doi.org/10.5815/ijem.2020.05.03.

V.D. Gowda, S.B. Sridhara, K.B. Naveen, M. Ramesha, G.N. Pai, Tecnologia: revolução na construção, impacto, roteiro tecnológico e caraterísticas, Adv. Math.:Scientific Journal 9 (7) (2020) 4405-4414, https://doi.org/10.37418/amsj.9.7.11.

B.M. Leiner, V.G. Cerf, D.D. Clark, R.E. Kahn, L. Kleinrock, D.C. Lynch, S. Wolff, A brief history of building information , Comput. Commun. Rev. 39 (5) (2009) 22- 31,https://doi.org/10.1145/1629607.1629613.

M. Lombardi, F. Pascale, D. Santaniello, Tecnologia: uma visão geral entre arquitecturas, protocolos e aplicações, Information 12 (2) (2021) 87,https://doi.org/10.3390/info12020087.

S. Abe, Support Vetor Machines for Pattern Classification, vol. 2, Springer, London, 2005, p. 44.

V. Sivaraman, H.H. Gharakheili, C. Fernandes, N. Clark, T. Karliychuk, Smart Building information modeling devices in the home: security and privacy implications, IEEE Technol. Soc.Mag. 37 (2) (2018) 71-79, https://doi.org/10.1109/MTS.2018.2826079.

B.L.R. Stojkoska, K.V. Trivodaliev, A review of Technologyfor smart home: challenges and solutions, J. Clean. Prod. 140 (2017) 1454-1464, https://doi.org/10.1016/j.jclepro.2016.10.006.

B. Pradhan, S. Bhattacharyya, K. Pal, Building information modeling-based applications in healthcare devices, Journal of healthcare engineering 2021 (2021), https://doi.org/10.1155/2021/6632599.

F. Zantalis, G. Koulouras, S. Karabetsos, D. Kandris, Uma revisão do aprendizado de máquina e construção de modelagem de informações em transporte inteligente, Future Building 11 (4) (2019) 94, https://doi.org/10.3390/fi11040094.

D. Serpanos, M. Wolf, Tecnologia industrial, em: Building-of-Things (Building information modeling) Systems, Springer, Cham, 2018, pp. 37-54, https://doi.org/10.1007/978-3-319-69715- 4_5.

M. Nkomo, G.P. Hancke, A.M. Abu-Mahfouz, S. Sinha, A. Onumanyi, Redes de sensores sem fios virtualizadas sobrepostas para aplicação em edifícios industriais de coisas: uma revisão, Sensors 18 (10) (2018) 3215, https://doi.org/10.3390/s18103215.

L. Yushi, J. Fei, Y. Hui, Estudo sobre os modos de aplicação da tecnologia militar (MBUILDING INFORMATION MODELING), em: 2012 IEEE International Conference on Computer Science andAutomation Engineering(CSAE), IEEE, 2012, maio, pp. 630-634,https://doi.org/10.1109/CSAE.2012.6273031, vol. 3.

R. Apanaviciene, A. Vanagas, P.A. Fokaides, Integração de edifícios inteligentes numa cidade inteligente (SBISC): desenvolvimento de um novo quadro de avaliação, Energies 13 (9)(2020)

2190,https://doi.org/10.3390/en13092190.

M.A. Silverio-Fernandez,´ S. Renukappa, S. Suresh, Estrutura estratégica para a implementação de dispositivos inteligentes na indústria da construção, Construct. Innovat.(2021), https://doi.org/10.1108/CI-11- 2019-0132.

R. Lakshmi, P. Karthika, A. Rajalakshmi, M. Sathya, automação de casa inteligente usando plataforma de deteção e monitoramento baseada em modelagem de informações de construção, International Journal ofScientific Research in ComputerScience, Engineering and Information Technology 5 (1) (2019), https://doi.org/10.32628/CSEIT195190.

K. Mandula, R. Parupalli, C.A. Murty, E. Magesh, R. Lunagariya, Automação residencial baseada em dispositivos móveis usando tecnologia (modelagem de informações de construção), em: 2015 InternationalConference on Control, Instrumentation, Communication and Computational Technologies (ICCICCT), IEEE, 2015, dezembro, pp. 340-343, https://doi.org/10.1109/ICCICCT.2015.7475301.

T.K. Hui, R.S. Sherratt, D.D. S'anchez, Principais requisitos para a construção de casas inteligentes em cidades inteligentes com base em tecnologias, Future Generat.Comput. Syst. 76 (2017) 358-369, https://doi.org/10.1016/j.future.2016.10.026.

M. Jia, A. Komeily, Y. Wang, R.S. Srinivasan, Adopting Technologyfor the development of smart buildings: a review of enabling technologies andapplications, Autom. ConStruct. 101 (2019) 111- 126, https://doi.org/10.1016/j.autcon.2019.01.023.

J. Zhang, J. Wang, S. Dong, X. Yu, B. Han, Uma revisão do progresso atual e da aplicação do concreto impresso em 3D, Compos. Appl. Sci. Manuf. 125 (2019)105533,https://doi.org/10.1016/j.compositesa.2019.105533.

H. Alhumayani, M. Gomaa, V. Soebarto, W. Jabi, Avaliação ambiental da impressão 3D em grande escala na construção: um estudo comparativo entre cob e concreto, J. Clean. Prod. 270 (2020) 122463, https://doi.org/10.1016/j.jclepro.2020.122463.

J.M.D. Delgado, L. Oyedele, A. Ajayi, L. Akanbi, O. Akinade, M. Bilal, H. Owolabi, Robótica e sistemas automatizados na construção: compreender os desafios específicos da indústria para a adoção, J. Build. Eng. 26 (2019) 100868, https://doi.org/10.1016/j.jobe.2019.100868.

H. Alhumayani, M. Gomaa, V. Soebarto, W. Jabi, Avaliação ambiental da impressão 3D em grande escala na construção: um estudo comparativo entre cob e concreto, J. Clean. Prod. 270 (2020) 122463, https://doi.org/10.1016/j.jclepro.2020.122463.

X. Zhang, M. Li, J.H. Lim, Y. Weng, Y.W.D. Tay, H. Pham, Q.C. Pham, Large-scale 3D printing by a team of mobile robots, Autom. ConStruct. 95 (2018)98–106, https://doi.org/10.1016/j.autcon.2018.08.004.

S.J. Keating, J.C. Leland, L. Cai, N. Oxman, Toward site-specific and self-sufficient robotic fabrication on architectural scales, Sci. Robot. 2 (5) (2017)eaam8986,https://doi.org/10.1126/scirobotics.aam8986.

A. Al-Wakeel, J. Wu, análise de cluster baseada em K-means de medições de medidores inteligentes residenciais, Energy Proc. 88 (2016) 754-760, https://doi.org/10.1016/j.egypro.2016.06.066.

E. Bravo, An administrative building in Dubai, the largest 3D printed structure in the world, Disponível online, https://www.smartcitylab.com/blog/digitaltransformation/largest-3d-printed-building-inthe-world/, 2022. (Acedido em 2 de março de 2022).

A. Siddika, M.A.A. Mamun, W. Ferdous, A.K. Saha, R. Alyousef, betão impresso em 3D: aplicações, desempenho e desafios, Journal of SustainableCement-Based Materials 9 (3) (2020) 127-164, https://doi.org/10.1080/21650373.2019.1705199.

S. Lim, R.A. Buswell, T.T. Le, S.A. Austin, A.G. Gibb, T. Thorpe, Developments in construction- scale additive manufacturing processes, Autom. ConStruct. 21(2012) 262–268, https://doi.org/10.1016/j.autcon.2011.06.010.

C. Fan, M. Chen, X. Wang, J. Wang, B. Huang, Uma revisão sobre técnicas de pré-processamento de dados para uma descoberta de conhecimento eficiente e confiável a partir de dados operacionais de construção, Front. Energy Res. 9 (2021) 652801, https://doi.org/10.3389/fenrg.2021.652801.

Y. Pan, Y. Zhang, D. Zhang, Y. Song, Impressão 3D na construção: estado da arte e aplicações, Int. J. Adv. Des. Manuf. Technol. 115 (5) (2021) 1329-1348,https://doi.org/10.1007/s00170-021- 07213-0.

J. Horvath, Uma breve história da impressão 3D, em: Mastering 3D Printing, Apress, Berkeley, CA, 2014,pp. 3–10, https://doi.org/10.1007/978-1-4842-0025-

4_1.
D. Zhang, D. Zhou, G. Zhang, G. Shao, L. Li, arquitetura lunar de impressão 3D com uma nova impressora acionada por cabo, Ata Astronaut. 189 (2021) 671-678, https://doi.org/10.1016/j.actaastro.2021.09.034.

S. Ulubeyli, Questões de construção de abrigos lunares: o estado da arte em relação às tecnologias de impressão 3D, Ata Astronaut. 195 (2022) 318-343, https://doi.org/10.1016/j.actaastro.2022.03.033.

D.T. Qui, Análise das soluções tecnológicas existentes de impressão 3D na construção, Vestnik MGSU 13 (7) (2018) 863-876, https://doi.org/10.22227/1997-0935.2018.7.863-876.

M. Bassier, M. Vergauwen, B. Van Genechten, Classificação automatizada de edifícios históricos para BIM as-built usando técnicas de aprendizado de máquina. ISPRS Annalsof the Photogrammetry, Remote Sensing and Spatial Information Sciences 4 (2W2) (2017) 25-30, https://doi.org/10.5194/isprs-annals-IV-2-W2-25-2017.

G. Coskuner, M.S. Jassim, M. Zontul, S. Karateke, Aplicação da modelação de redes neurais de inteligência artificial para prever a produção de resíduos domésticos, comerciais e de construção, Waste Manag. Res. 39 (3) (2021) 499-507, https://doi.org/10.1177/0734242X20935181.

M.O. Sanni-Anibire, R. Mohamad Zin, S.O. Olatunji, Developing a preliminary cost estimation model for tall buildings based on machine learning, Int. J.Manag. Sci. Eng. Manag. 16 (2) (2021) 134-142, https://doi.org/10.1080/17509653.2021.1905568.

E. Anthi, L. Williams, M. Słowinska,´ G. Theodorakopoulos, P. Burnap, Um sistema de deteção de intrusão supervisionado para casa inteligente Dispositivos de modelagem de informações de construção, IEEE Building Things J. 6 (5) (2019) 9042-9053, https://doi.org/10.1109/JBUILDING INFORMATION MODELING.2019.2926365.

W. Wang, J. Chen, T. Hong, Previsão de ocupação através de aprendizagem automática e fusão de dados de deteção ambiental e de deteção Wi-Fi em edifícios, Autom.ConStruct. 94 (2018) 233-243, https://doi.org/10.1016/j.autcon.2018.07.007.

M. Alaa, A.A. Zaidan, B.B. Zaidan, M. Talal, M.L.M. Kiah, Uma análise das aplicações domésticas inteligentes baseadas na tecnologia, J. Netw. Comput.

Appl. 97 (2017)48-65, https://doi.org/10.1016/j.jnca.2017.08.017.

S. Cai, Z. Ma, M.J. Skibniewski, S. Bao, Automação de construção e robótica para edifícios altos nas últimas décadas: uma revisão abrangente, Adv. Eng.Inf. 42 (2019) 100989, https://doi.org/10.1016/j.aei.2019.100989.

H. Lamine, H. Abid, Controlo remoto de um equipamento doméstico a partir de uma aplicação Android baseada na placa Raspberry pi, em: 2014 15th International Conferenceon Sciences and Techniques of Automatic Control and Computer Engineering (STA), IEEE, 2014, dezembro, pp. 903-908, https://doi.org/10.1109/STA.2014.7086757.

W.S. Alaloul, M.S. Liew, N.A.W.A. Zawawi, B.S. Mohammed, Revolução da indústria IR 4.0: oportunidades e desafios futuros no sector da construção, in:MATEC Web of Conferences, EDP Ciências, 2018 02010, https://doi.org/10.1051/matecconf/201820302010 vol. 203.

M. Al-Kuwari, A. Ramadan, Y. Ismael, L. Al-Sughair, A. Gastli, M. Benammar, Automação de casa inteligente usando plataforma de deteção e monitoramento baseada em modelagem de informações de construção, em: 2018 IEEE 12ª Conferência Internacional sobre Compatibilidade, Eletrônica de Potência e Engenharia de Potência (CPE-POWERENG 2018), IEEE, 2018, abril, pp. 1-6,https://doi.org/10.1109/CPE.2018.8372548.

K. Tan, O enquadramento da combinação de inteligência artificial e impressão 3D de construção na engenharia civil, in: MATEC Web of Conferences, EDP Ciências,2018 01008,https://doi.org/10.1051/matecconf/201820601008 vol. 206.

M. Regona, T. Yigitcanlar, B. Xia, R.Y.M. Li, Oportunidades e desafios de adoção de IA indústria da construção: uma revisão PRISMA, Journal of OpenInnovation: Tecnologia, Mercado e Complexidade 8 (1) (2022) 45, https://doi.org/10.3390/joitmc8010045.

F. Al-Turjman, H. Zahmatkesh, R. Shahroze, Uma visão geral da segurança e da privacidade nas comunicações de modelação da informação de edifícios das cidades inteligentes, Transactions on EmergingTelecommunications Technologies 33 (3) (2022) e3677, https://doi.org/10.1002/ett.3677.

L. Zhang, J. Wen, Y. Li, J. Chen, Y. Ye, Y. Fu, W. Livi od, Uma revisão do aprendizado de máquina na previsão de carga de edifícios, Appl. Energy 285 (2021) 116452, https://doi.org/10.1016/j.apenergy.2021.116452.

Printed by Books on Demand GmbH, Norderstedt / Germany